Scratch

少儿编程
从入门到精通（视频教学版）

大龙◎编著

中国水利水电出版社
www.waterpub.com.cn
·北京·

内 容 提 要

Scratch 是由麻省理工学院设计开发的一款国际流行的图形化编程软件，使用者只需拖动不同功能的积木指令，就可以设计出各种各样的程序项目，学习门槛低，简单易上手，它可以轻松把心中所想变成现实。

本书基于 Scratch 3.0 编写了 5 章，共 39 个完整案例，内容全面、详尽，涵盖编程软件的基础知识，积木指令的含义，程序的结构，算法的设计等知识点。案例内容丰富，类型多样，趣味性强，读者可以在玩乐中逐步学会编程知识，激发对编程的兴趣，培养编程思维。

本书适合初学编程的中小学生学习，也可以作为图形化编程能力等级考试的参考用书。

图书在版编目（CIP）数据

Scratch 少儿编程从入门到精通 : 视频教学版 / 大
龙编著 . -- 北京 : 中国水利水电出版社 , 2024.6 (2024.11 重印) .
ISBN 978-7-5226-2467-9

Ⅰ . ①S… Ⅱ . ①大… Ⅲ . ①程序设计—少儿读物
Ⅳ . ① TP311.1-49

中国国家版本馆 CIP 数据核字 (2024) 第 103106 号

书　　名	Scratch 少儿编程从入门到精通（视频教学版） Scratch SHAO'ER BIANCHENG CONG RUMEN DAO JINGTONG (SHIPIN JIAOXUE BAN)
作　　者	大　龙　编著
出版发行	中国水利水电出版社 （北京市海淀区玉渊潭南路 1 号 D 座　100038） 网址：www.waterpub.com.cn E-mail: zhiboshangshu@163.com 电话：（010）62572966-2205/2266/2201（营销中心）
经　　售	北京科水图书销售有限公司 电话：（010）68545874、63202643 全国各地新华书店和相关出版物销售网点
排　　版	北京智博尚书文化传媒有限公司
印　　刷	河北文福旺印刷有限公司
规　　格	190mm×235mm　16 开本　20.75 印张　418 千字
版　　次	2024 年 6 月第 1 版　2024 年 11 月第 2 次印刷
印　　数	3001—6000 册
定　　价	89.80 元

前 言

本书所使用的 Scratch 3.0 是一款非常简单的编程软件，即使用户没有学过编程，也不知道编程是什么，但是只要会搭积木，那么就可以动手开始编程了，它非常适合初学者使用。Scratch 3.0 虽然操作很简单，但是可千万不要把它想简单了，它的天花板可是非常高的！它可以编写游戏、动画、应用工具等。

本书从 Scratch 的基础知识开始讲起，以案例实操为导向，没有冗余的语言描述，将知识点全部融入 33 个演示案例和 6 个综合案例当中。用户若认真跟随每个步骤学习，则可以编写出自己的程序，并让它成功运行。书中的每个案例都配备了课后练习题和编程题，如果觉得意犹未尽，不妨挑战自我，根据所学习的编程知识来完成这些题目，还可以凭借自己天马行空的想象力，对程序进行微调，创造真正属于自己的程序作品。

本书共分为 5 章。前 4 章分别对应了编程能力等级考试 1～4 级的知识点，每学完一章，就可以参加对应级别的考试。第 5 章通过一个大型案例，讲解了如何完整地设计一个程序。如果对 Scratch 已经有了一定的了解，那么，后面的算法部分和程序设计部分就能够让用户更深入地了解代码背后的理念，从而设计出更加有趣、有料的程序。

从 2019 年发布第一版视频教程，到今日的新书出版，由衷地感谢所有的家长、老师和孩子的支持与包容。同时感谢所有编辑和审校人员为本书能够顺利出版所付出的努力。

最后，愿每个孩子都能通过这本书获得编程的乐趣，享受创作带来的快乐。

声明：本书为少儿编程类图书，其软件中的字母均使用正体，为保持一致，本书正文中的变量一律使用正体表示。

在线服务

扫描下方二维码，加入本书专属读者在线服务交流圈，本书的勘误情况会在此交流圈发布。此外，读者也可以在此交流圈分享心得，提出对本书的建议，以及咨询笔者问题等。

本书专属读者在线服务交流圈

大龙

2023 年 11 月

目　录

第1章

本章学习任务：

- 熟练操作Scratch编程软件，认识编程软件界面中功能区的分布与作用。
- 能够通过添加、上传、绘制的方式，选取合适的舞台背景。
- 能够通过添加、上传、绘制和修改的方式，选取合适的角色。
- 能够通过添加、上传、录制的方式，选取合适的声音。
- 能够拖动积木指令到编程区，并正确地进行连接。
- 能够调整角色造型的中心点和修改角色的大小。
- 能够通过拖动角色调整图层。
- 能够编写顺序结构的程序，并调整积木指令中的参数，得到不同的程序效果。
- 能够实现背景切换、播放背景音乐、切换角色造型、角色移动、角色移动到固定位置、角色旋转、角色面向方向等程序效果。
- 能够按照要求，保存和打开作品。
- 能够绘制顺序结构程序流程图。

模块	积木指令	图例
运动	移动（10）步	移动 10 步
	右转（15）度	右转 ↻ 15 度
	左转（15）度	左转 ↺ 15 度
	移到 x:(0)y:(0)	移到 x: 0 y: 0
	面向（90）方向	面向 90 方向
	将旋转方式设为（左右翻转）	将旋转方式设为 左右翻转 ▾

模块	积木指令	图例
外观	说（你好！）（2）秒	说 你好！ 2 秒
	下一个造型	下一个造型
	换成（造型1）造型	换成 造型1 ▼ 造型
	下一个背景	下一个背景
	换成（背景1）背景	换成 背景1 ▼ 背景
声音	播放声音（喵）等待播完	播放声音 喵 ▼ 等待播完
	播放声音（喵）	播放声音 喵 ▼
	将音量设为（100）%	将音量设为 100 %
	将（音调）音效增加（10）	将 音调 ▼ 音效增加 10
	将音量增加（-10）	将音量增加 -10
	音量	音量
	停止所有声音	停止所有声音
事件	当绿旗被点击	当 ▶ 被点击
	当角色被点击	当角色被点击
	当背景换成（背景1）	当背景换成 背景1 ▼
	当按下（空格）键	当按下 空格 ▼ 键
控制	等待（1）秒	等待 1 秒
音乐	将乐器设为 [（1）钢琴]	将乐器设为 (1)钢琴 ▼
	演奏音符（60）（0.25）拍	演奏音符 60 0.25 拍

案例 1 小猫偶遇外星人

在茫茫的宇宙中，小猫遇见了外星人 Ripley，他们之间互相对话，介绍了一下彼此。图 1.1 为案例 1 的程序效果图。

图1.1

准备工作

打开编程软件，如图 1.2 和图 1.3 所示。

图1.2

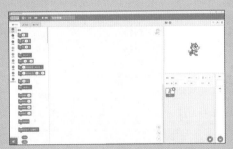

图1.3

功能实现

1. 点击绿旗，小猫和外星人 Ripley 站在 Space City1 的背景里，如图 1.4 所示。
2. 小猫先说话，外星人 Ripley 再说话，让两个角色互相对话，如图 1.5 所示。

图1.4　　　　　　　　　　　　　　　　　　　图1.5

亲自出"码"

1 添加舞台背景

（1）在编程软件界面右下角单击"选择一个背景"按钮 ，如图 1.6 所示。

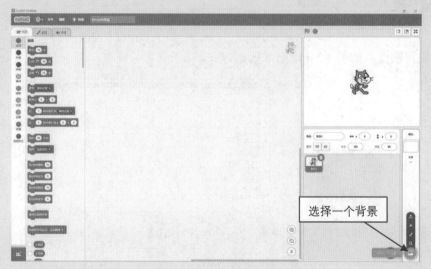

选择一个背景

图1.6

（2）进入背景库界面，如图1.7所示。

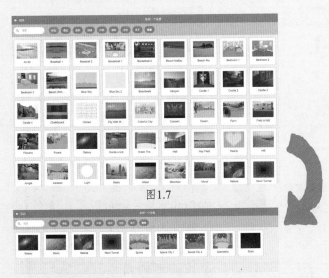

图1.7

从图 1.7 中可以看出，该界面有很多不同样式的背景，可以根据程序效果需要来选择背景。例如，案例 1 要实现的程序效果是小猫和外星人 Ripley 对话，那么对话地点设置为太空是最合适的，单击选择背景库最上面的太空分类，这样就可以快速找到与太空相关的背景，如图 1.8 所示。

图1.8

（3）将鼠标移动到 Space City1 背景上，然后单击选择该背景，这样舞台背景就添加完成了，如图 1.9 所示。

小提示：

1. 在舞台上可以添加多个背景，背景数量显示在背景缩略图的下方。
2. 点击绿旗后，将在舞台区演示程序效果。

2 添加角色

（1）在编程软件界面右下角单击"选择一个角色"按钮，如图 1.10 所示。

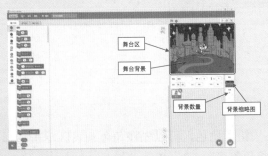

图1.9　　　　　　　　　　　　　图1.10

（2）进入角色库界面，如图 1.11 所示。

图1.11

从图 1.11 中可以看出，有各种各样的角色，可以根据程序效果需要来选择合适的角色。例如，案例 1 需要实现小猫和外星人 Ripley 对话的程序效果，此时默认角色小猫已经在舞台上了，则只需要添加一个外星人 Ripley 角色就可以了。像刚才添加舞台背景一样，可以通过单击选择分类来快速查找需要的角色，可在"人物"分类中找到外星人的角色，如图 1.12 所示。

图1.12

（3）下面开始玩"角色扮演游戏"，哪个人物适合扮演外星人呢？当然是戴着航天头盔的 Kiran 和 Ripley 这两个角色了，拖动鼠标至其中一个角色上，然后单击该角色，如图 1.13 所示。

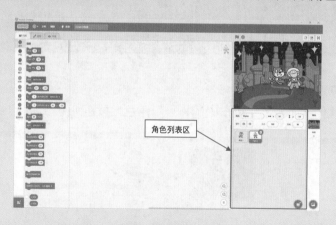

图1.13

这样一个角色就添加完成了。若不小心选错了角色，可以先在角色列表区单击选择这个角色，再单击角色右上角的垃圾桶，即可将角色删除。

小提示：

1. 所有添加的角色都会以缩略图的形式显示在角色列表区。
2. 在角色列表区中可以看到每个角色的属性（名称、位置、显示状态、大小、方向）。添加或者删除角色都是在角色列表区操作。

通常新添加的角色会出现在舞台的随机位置，而随机位置往往不符合程序效果或者不太美观，这时就需要调整角色的位置。

改变角色位置的方法有很多，可以先用一个最简单的方法来调整角色的位置。选中角色后拖动鼠标到合适位置，如图1.14和图1.15所示。

图1.14

图1.15

③ 编写程序

（1）选择对应的角色。在角色列表区单击"小猫角色"按钮，如图1.16所示，给小猫编写一个说话的程序。

（2）连接积木指令。Scratch程序是从"事件"开始执行的，事件是指事先设定的、能被程序识别和响应的动作，因此这里需要选择事件分类，如图1.17所示。

①将鼠标移动到表1.1所示的积木指令"当绿旗被点击"上，鼠标变成了小手形状■，长按鼠标左键■，这时鼠标变成了抓住积木的样子，将积木向右拖动到程序编写区后松开鼠标即可在该区域中编写程序，程序编写区如图1.18所示。

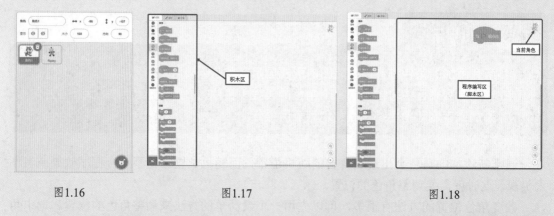

| 图1.16 | 图1.17 | 图1.18 |

表 1.1

指令名称	指令用途
当 ⚑ 被点击 【事件 - 当绿旗被点击】	当绿旗被点击时，开始按顺序执行下方每一行积木指令

②选择外观分类，使用相同的方法将表 1.2 所示的积木指令拖动到程序编写区，放到第一个事件积木指令的下面。当两个积木中间出现灰色阴影时松开鼠标，这时两个积木就会像磁铁一样吸到一起，如图 1.19 所示。

表 1.2

指令名称	指令用途
说 你好! 2 秒 【外观 - 说（）（2）秒】	以气泡框的方式显示指定的文字内容 2 秒后，再继续执行下一个指令积木。 注：不会发出说话声音

图1.19

（3）修改指令参数。在积木指令中，白底的椭圆部分表示参数部分，其内容可以根据具体情况来修改。将鼠标移动到文字"你好！"的上面单击，全选文字，然后按 Back Space 键删除选择的内容，如图 1.20 所示。

在参数部分输入新的内容，如图 1.21 所示。

图1.20　　　　　　　　　　　　　　　图1.21

如果需要让说话的内容显示的时间长一些，则将参数 2 修改为比 2 大的数字即可。

这样小猫的程序就暂时编写完了，下面使用相同的方法编写外星人的程序，如图 1.22 所示。

（4）测试程序效果。两个角色的程序编写完成之后，需要测试程序效果是否达到功能实现的要求。

①点击舞台区左上角的"绿旗"按钮运行程序后发现（图 1.23），小猫和外星人同时在说话，这与要求的程序效果不一样，那么该怎么修改呢？

图1.22　　　　　　　　　　　　　　　图1.23

对了，外星人可以等小猫把话说完之后再说话，那么就要给外星人的程序添加一个表 1.3 所示的积木指令。

表 1.3

指令名称	指令用途
等待 1 秒 【控制 - 等待（1）秒】	暂停执行程序，等待指定时间以后再继续执行程序

选择控制分类，将  积木指令拖动出来放在说话积木的上面，并将参数 1 修改为 2，如图 1.24 所示。

图1.24

为什么是 2 秒呢？这是因为外星人需要等小猫把话说完之后再说话，小猫的说话时长是 2 秒，所以外星人的等待时间就是 2 秒。

同样，小猫也需要等着外星人把话说完后再说话，那么小猫需要等待多长时间呢？对了，还是 2 秒，这是如何计算的呢？

从图 1.25 中可以看出，当绿旗被点击时，两个角色的程序同时开始运行，外星人等待 2 秒的时长等于小猫说第一句话所用的时长，而接下来外星人说话的时长就是小猫等待的时间。

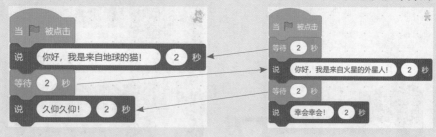

图1.25

 小提示:

程序修改完之后还需要再次测试，来检查修改后的程序是否正确。

④ 保存作品

程序编写完成之后，一定要记得保存程序作品。

（1）单击左上角的"文件"按钮，如图 1.26 所示。选择"保存到电脑"命令。

（2）找到事先建好的文件夹，双击打开该文件夹，如图 1.27 所示。

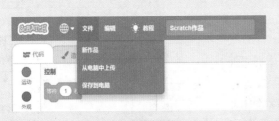

图1.26

图1.27

（3）将文件名修改为作品名称，如图 1.28 所示。最后单击右下角的"保存"按钮 保存(S) 就可以了。

图1.28

保存成功的作品会在编程软件的最上方显示作品名称，如图 1.29 所示。随后单击右上角的"关闭"按钮结束编程。首次编写的程序或者修改过的程序都会出现提示框，如果已经将程序保存好了，那么单击 Leave 按钮即可关闭编程软件，如图 1.30 所示。

图1.29

图1.30

5 打开程序

（1）打开 Scratch 编程软件，单击左上角的"文件"按钮，如图 1.31 所示。

（2）选择"从电脑中上传"命令，然后找到程序文件的位置，如图 1.32 所示。

图1.31

图1.32

（3）选择要打开的程序文件，单击右下角的"打开"按钮，即可打开程序。

扩展内容：程序流程图

　　程序流程图是进行程序设计的基本依据，是使用规定的统一标准符号描述程序具体运行步骤的图形表示。程序流程图有 3 个基本结构，分别为顺序结构、选择结构和循环结构。案例 1 主要使用顺序结构并按照功能实现的要求，分别得到了图 1.33 所示的小猫程序流程图和图 1.34 所示的外星人程序流程图。

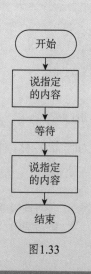

图1.33

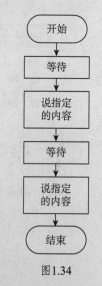

图1.34

练一练

1. 在下面的照片里，哪一张的小猫在说话？【答案：B】

A.

B.

2. 如下列程序所示，小熊需要等着小猫把话说完再说话，那么小熊需要等待多长时间？【答案：A】

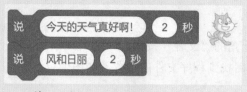

A. 4 秒

B. 2 秒

举一反三"相声表演"

扫一扫，看视频

功能实现

1. 添加舞台背景 Theater。

2. 至少添加两个人物角色。

3. 完成一个完整的相声表演（互相对话）。

案例2　　芭蕾舞演出

Ballerina 是一位爱跳舞的小朋友，这次她准备在舞台上表演跳芭蕾舞。图 1.35 为案例 2 的程序效果图。

准备工作

1. 删除默认的小猫角色。

2. 添加舞台背景：Theater。

3. 添加角色：Ballerina，并将角色拖动到舞台中间位置。

图1.35

功能实现

1. 点击绿旗，Ballerina 开始报幕，如图 1.36 所示。

2. 报幕结束后，音乐响起。

3. Ballerina 在音乐中做跳舞动作，如图 1.37 所示。

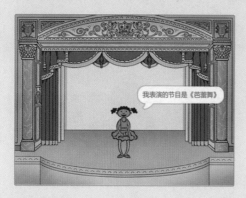

图1.36

图1.37

亲自出"码"

1 Ballerina 的程序

（1）报幕程序。报幕就是让角色说话，可以使用"说（你好）（2）秒"积木指令来实现这个程序效果，如图 1.38 所示。

（2）跳舞程序。

①一个角色怎么才能跳舞呢？用户可以参照现实生活中是如何跳舞的？没错，就是连续地做不同的舞蹈动作，那么现在让角色也连续做动作，就可以实现跳舞的程序效果了。角色的动作在哪里呢？在编程软件界面左上角单击选择"造型"选项卡，如图 1.39 所示。

图1.38　　　　　　　　　　　　　　　　　图1.39

在该选项卡中可以看到一个角色有着多个不同的舞蹈动作，如图 1.40 所示，这些动作就是角色的造型了，现在只需要连续切换造型就可以实现跳舞的程序效果。

图1.40

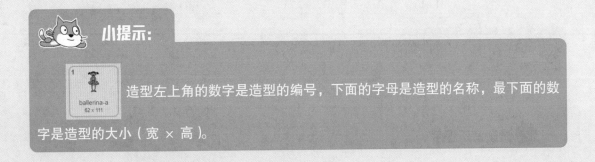

小提示：

造型左上角的数字是造型的编号，下面的字母是造型的名称，最下面的数字是造型的大小（宽 × 高）。

② Ballerina 的角色共有 4 个不同的造型，起始造型是 ballerina-a，为了让 Ballerina 完成所有的舞蹈动作后再回到起始动作，需要使用表 1.4 所示的积木指令，按照顺序连续切换 4 次造型，如图 1.41 所示。

表 1.4

指令名称	指令用途
【外观 - 下一个造型】	按顺序将角色切换为下一个造型

③运行图 1.41 所示的程序后发现 Ballerina 站在原地，没有做任何舞蹈动作，这是为什么呢？这是因为程序运行速度太快了，Ballerina 已经非常快速地完成了所有的舞蹈动作。所以要想看清楚每一个舞蹈动作，就需要让角色每做完一个动作后等待 1 秒，再做下一个动作，因此需要在"下一个造型"积木指令的下，添加一个"等待（1）秒"积木指令，如图 1.42 所示，这样就可以实现跳舞的程序效果了。

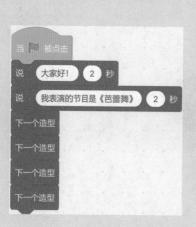

图1.41

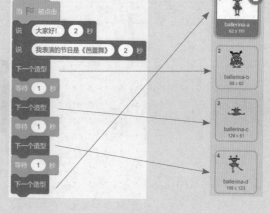

图1.42

 小提示：

起始造型通常是角色的第一个造型，也可以单击选择其他造型作为起始造型。

2 背景音乐程序

（1）选择积木指令。通常会将背景音乐的程序编写在舞台背景里以减少角色的程序量，让程序看起来简洁直观。

单击舞台背景的区域后，就可以在此区域里编写程序了，如图1.43和图1.44所示。

（2）连接积木指令。

①跟角色一样，在背景里编写程序也需要从"事件"开始执行，所以依然需要用到积

木指令 ，接着播放音乐，这与声音

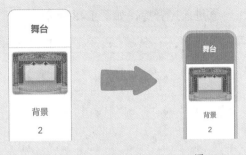

图1.43　　　　　　　　　　图1.44

有关系，在"声音"分类中找到表1.5所示的积木指令，并将它拖动到程序编写区，放到"事件"积木指令的下面，如图1.45所示。

表 1.5

指令名称	指令用途
播放声音 啵 ▼ 等待播完 【声音 - 播放声音（啵）等待播完】	播放一个指定的声音，直到播放完毕后再执行下一个积木指令

图1.45

图1.46

此时默认的声音不符合程序效果，因此需要重新添加一个合适的声音。可以在编程软件界面左上角单击"声音"选项卡，如图1.46所示。

②单击编程软件界面左下角的"选择一个声音"按钮，如图1.47所示。

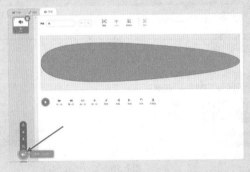

图1.47

③进入声音库，如图 1.48 所示。

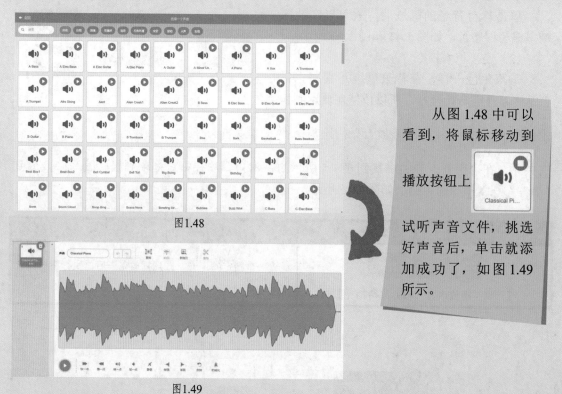

图1.48

从图 1.48 中可以看到，将鼠标移动到播放按钮上试听声音文件，挑选好声音后，单击就添加成功了，如图 1.49 所示。

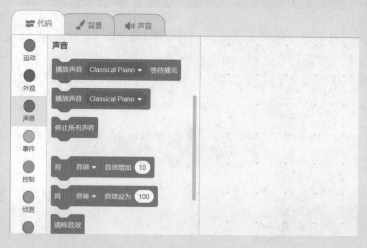

图1.49

④单击编程软件界面左上角的"代码"选项卡回到背景的程序编写区，如图 1.50 所示。

图1.50

⑤单击打开椭圆形的选择框，如图 1.51 所示。选择刚才添加的声音名称就可以了。

⑥根据功能实现要求，等 Ballerina 报幕结束后，再响起音乐，所以按照程序执行的顺序，应该在播放声音的前面加一个"等待（1）秒"积木指令，等待时长就是 Ballerina 说话的时长，如图 1.52 所示。

图1.51　　　　　　　　　图1.52

至此，所有的程序就编写完成了，一定要记得保存哦。

练一练

1. Ballerina 的初始造型为造型 3，在绿旗积木指令下需要拼接几块"下一个造型"积木指令，运行程序后才能让 Ballerina 换成造型 2 呢？【答案：A】

　A. 3 块　　　　　　　　　　　　B. 4 块

2. 下列哪一个是"声音"模块里的积木？【答案：B】

A. 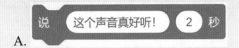　　B.

举一反三 "动物新说唱"

要求：

1. 添加一个舞台背景。

2. 至少添加两个动物角色。

3. 完成一个在音乐里说话跳舞的程序。

4. 至少有一个动物在跳舞结束后，发出动物的叫声。

扫一扫，看视频

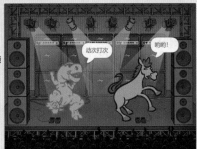

案例 3　七色花

　　小猫外出游玩时在草丛里发现了一朵七色花，当小猫用爪子触碰花朵的时候，神奇的一幕出现了！七色花旋转起来，并且变换着不同的颜色！小猫不禁赞叹"这朵花真的好美，好神奇啊"。图 1.53 为案例 3 的程序效果图。

图 1.53

准备工作

　　1. 将默认小猫角色拖动到舞台左下角。

　　2. 添加舞台背景：Forest。

功能实现

　　1. 点击绿旗后，小猫发出"喵"的叫声后说"看！这里有朵漂亮的七色花！""我们去点击一下它吧！"。

　　2. 绘制一个七色花的角色，当用鼠标点击花朵时，花朵向右转动并且变换颜色。

亲自出"码"

1 绘制七色花角色

（1）绘制七色花第一个造型。

①将鼠标移动到角色列表区添加角色的位置后，单击"绘制"按钮，如图 1.54 所示。这样就会自动添加一个空白角色，如图 1.55 所示。

图1.54 图1.55

②直接进入角色第一个造型的绘制界面，如图 1.56 所示。

③单击"填充"下拉按钮选择绘制花朵的颜色，如图 1.57 所示。

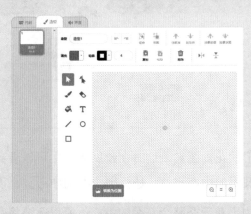

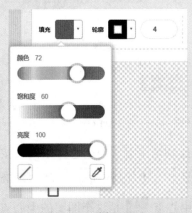

图1.56 图1.57

④借助绘制界面左侧的圆形工具绘制一片椭圆形的花瓣，如图 1.58 所示。

⑤单击选择工具 ，单击选中花瓣，再选择轮廓，在这里可以修改花瓣轮廓的颜色，也可以单击 按钮取消轮廓，如图 1.59 所示。

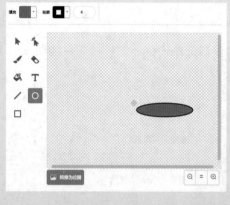
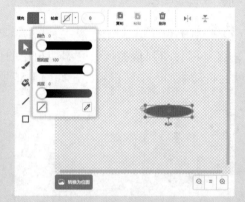

图1.58　　　　　　　　　　　　　　图1.59

⑥单击绘制界面的空白处，一片花瓣就绘制完成了，如图 1.60 所示。

⑦使用相同的方法继续绘制三片花瓣和一瓣圆形花蕊，如图 1.61 所示。

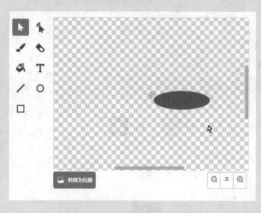
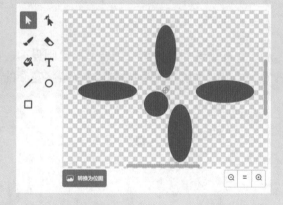

图1.60　　　　　　　　　　　　　　图1.61

⑧绘制结束后，使用选择工具长按圆形的花蕊图案，这时在绘制界面中可以看到两个十字交叉点，也就是中心点。其中，带有圆圈的中心点 是整个造型的中心点，而花蕊上的小中心点 是这个图案的中心点。由于花蕊是整个花朵的中心，所以需要将花蕊图案拖动到造型中心点的位置，让图案中心点和造型中心点重合 。因为花瓣是围绕花蕊生长的，所以所有的花瓣都需要围绕花蕊的中心点摆放，如图 1.62 所示。

⑨通常花蕊的颜色和花瓣是不一样的，可以使用选择工具单击选中花蕊，然后单击"填充"下拉按钮来修改花蕊的颜色，如图1.63所示。这样一个七色花的造型就绘制好了。

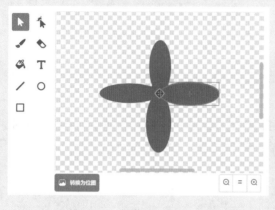

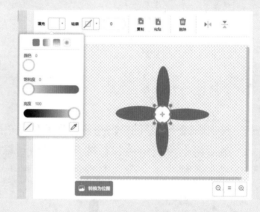

图1.62　　　　　　　　　　　　　　　　图1.63

（2）绘制七色花剩余造型。

①继续给七色花角色添加第二个造型，将鼠标移动到造型绘制界面左下角"选择一个造型"按钮上，如图1.64所示。

②单击第二个按钮"绘制"，这样一个新的造型就添加好了，如图1.65所示。

③下面使用上述方法再绘制5个不同颜色的七色花造型，如图1.66所示。这样包含7个不同颜色造型的七色花角色就绘制完成了。

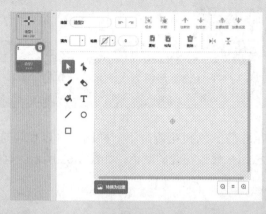

图1.64　　　　　　　　　　　　　　　图1.65　　　　　　　　　　图1.66

2 绘制花枝角色

再次添加一个新的空白角色，然后使用"线段"工具绘制一个花枝的造型，如图 1.67 所示。最后将七色花角色和花枝角色拖动到舞台合适的位置，如图 1.68 所示。

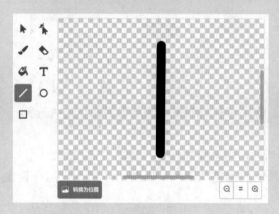

图1.67　　　　　　　　　　　　　　　图1.68

3 小猫的程序

实现小猫程序效果所需要的积木指令，前面已经学习过了，可以按照程序顺序快速地编写一下，如图 1.69 所示。

图1.69

4 七色花的程序

（1）选择积木指令。

①根据功能实现的要求，七色花被点击后开始运行程序，也就意味着角色被点击是运行程序的"事件"。因此，七色花的程序就需要从表1.6所示的"事件"积木指令开始执行。

表 1.6

指令名称	指令用途
当角色被点击 【事件 - 当角色被点击】	当舞台上的角色被鼠标点击时开始执行程序

当七色花的角色被鼠标点击后，需要使用表1.7所示的积木指令让角色向右顺时针转动。

表 1.7

指令名称	指令用途
右转 C 15 度 【运动 - 右转（15）度】	设置当前角色以中心点为中心顺时针旋转指定角度。角色旋转后，面向的方向也会旋转

②为了让七色花转动得快一些，可以将右转的参数修改为30，也就是每次转动30度，如图1.70和图1.71所示。

图1.70　　　　　　　　　　图1.71

 **小提示：**

　　参数的大小决定了转动速度的快慢。例如，右转1度，需要360次转完一圈；如果是30度，只需要12次就可以转完一圈。

③旋转之后，换成下一个颜色的造型，为了能够看清楚切换造型的整个过程，还需要等待 0.2 秒，如图 1.72 所示。

这样花朵被点击后旋转并切换颜色的程序就编写完了。接下来只需要将这个程序再重复编写 6 次后，就可以看到七色花的每一种颜色了。

可是重复编写 6 次是不是很麻烦呢？这时可以使用复制功能来减少工作量。

④这里要复制的是转动并切换造型的程序，那么这段程序的第一个积木就是"右转（30）度"，将鼠标移动到这个积木指令上右击，如图 1.73 所示。

图1.72

图1.73

⑤点击选择"复制"命令，这样就能快速地复制一条一模一样的程序，如图 1.74 所示。

（2）连接积木指令。

①将复制的程序整体与编写好的程序链接到一起就可以了，如图 1.75 所示。

②按照上述操作再重复 4 次，如图 1.76 所示。

图 1.74

图1.75

图 1.76

小提示:

对于一些需要重复出现的程序,可以通过复制功能来节省编程时间,但一定要找准复制的位置。

至此,所有的程序就编写完成了,一定要记得保存哦。

 练一练

1. 程序让花朵右转30度,花朵是围绕下面哪个选项旋转的?【答案:A】
   A. 角色中心点   B. 角色头部
2. 角色默认的样式与方向如图1所示,执行图2的程序后,箭头指向的方向为哪边?【答案:B】

图1

图2

A. 左   B. 下

举一反三"小猫看见大风车"

要求:
1. 添加一个舞台背景。
2. 绘制一辆三色风车。
3. 绘制一个风车房子。
4. 让小猫说话。
5. 让风车顺时针转动起来。

扫一扫,看视频

扫一扫，看视频

案例 4　　曹冲称象

使用图片和文字制作一个曹冲称象的电子故事书，图1.77 为案例 4 的程序效果图。

准备工作

删除默认的小猫角色。

功能实现

1. 点击绿旗后，舞台背景定时切换。
2. 大象在指定的背景下说出指定的内容。
3. 给电子书加一段背景音乐。

图1.77

亲自出"码"

1 上传舞台背景

（1）将鼠标移动到"选择一个背景"图标上，单击第四个按钮"上传背景"，如图 1.78 所示。

（2）找到"编程素材"文件夹所在的位置，双击打开文件夹，如图 1.79 所示。

（3）找到"案例 4 素材"文件夹继续双击打开，如图 1.80 所示。

图1.78　　　　　　　　　　图1.79

（4）在文件夹的空白处，拖动鼠标全选 4 个背景素材，单击右下角的"打开"按钮，如图 1.81 所示。

案例4素材

图1.80

图1.81

这样 4 个背景素材就上传成功了，如图 1.82 所示。

（5）单击选择"背景 1"，再单击垃圾桶，即可删除第一个空白背景，如图 1.83 所示。

图1.82

图1.83

 小提示：

　　新作品都会有一个初始的空白背景 1，如果上传的背景与初始背景重名将会自动被重命名。

（6）为了辨识方便，可以将上传的背景重新按照 1、2、3、4 的顺序命名，如图 1.84（修改前）和图 1.85（修改后）所示。

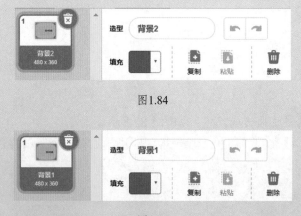

图1.84

图1.85

2 上传角色

（1）将鼠标移动到"选择一个角色"上，单击第四个按钮"上传角色"，如图 1.86 所示。
（2）在"案例4素材"文件夹中，单击选择"大象"，再单击"打开"按钮，如图 1.87 所示。

图1.86   图1.87

这样角色就上传成功了，如图 1.88 所示。

图1.88

小提示：

可以上传的文件类型有 jpg、png、gif、svg、Sprite 3 格式。

3 修改角色的大小并移动到合适的位置

（1）通常上传或者添加的角色大小不符合程序效果要求，这时就要求将角色修改成合适的大小。

可以直接在角色列表区角色的属性修改角色大小，如图 1.89 所示。

（2）角色默认大小是 100，也就是此刻角色在舞台上显示的大小，若想让角色更大，则填写一个比 100 大的数字，若想让角色更小，则填写一个比 100 小的数字。

（3）此刻大象角色实在太大了，因此需要填写一个比 100 小的数字，如图 1.90 所示。

图1.89 　　　　　　　　　　　　　　　　图1.90

这样角色的大小就修改完成，将大象拖动到图 1.91 所示的位置就可以了。

图1.91

4 背景的程序

（1）首先编写背景音乐的程序，如图 1.92 所示。

图1.92

（2）编写切换背景的程序，由于书籍都是从封面开始的，因此在程序运行时使用表1.8所示的积木指令，将初始背景设置为背景1。

表 1.8

指令名称	指令用途
换成 背景1 ▼ 背景 【外观 - 换成（背景 1）背景】	将舞台背景换成指定的背景

但是这个积木指令该放在哪里呢？如图 1.93 所示，这样编写的程序对吗？

（3）按照程序运行顺序，若先播放完音乐再切换到电子书第一页，这样音乐就变成了开场音乐而不是背景音乐。在这种情况下，当绿旗被点击时需要两个程序同时运行，也就是"并行程序"。要想实现该效果，就需要两个从"事件"开始执行的程序，如图 1.94所示。

图1.93   图1.94

这样就可以实现播放背景音乐和切换背景同时进行的程序效果了。

（4）切换到下一个背景进入故事内容，可以继续使用"换成指定背景"积木指令，也可以像之前切换造型一样，直接使用表 1.9 所示的积木指令，切换到下一个背景。

表 1.9

指令名称	指令用途
下一个背景 【下一个背景】	按顺序将舞台背景切换为下一个背景

（5）这里总共有 4 个背景，从第一个背景开始切换到最后一个背景总共需要切换 3 次，因此需要 3 个"下一个背景"积木指令。为了能够实现定时切换背景的程序效果，还需要在每次切换之前加上一个相同的等待时间，如图 1.95 所示，这样背景的程序就编写完成了。

图1.95

⑤ 大象的程序

（1）大象角色在指定的背景下说指定的内容，表 1.10 所示的积木指令便是运行说话程序的"事件"。

表 1.10

指令名称	指令用途
当背景换成 背景1 【事件 - 当背景换成（背景 1）】	当背景换成某一指定背景时，开始执行下方每一行积木指令

（2）由于电子书的第一页是封面，第二页才开始进入内容，所以切换到第二个背景时大象需要说出指定的内容，如图 1.96 所示。

图1.96

 小提示：

　　在程序编写过程中，适当地增加一个等待时长会让程序效果更加合理。比如，刚进入一个背景大象就开始说话会显得特别突兀，而加一个等待时间后就会很合理。

至此，所有的程序就编写完成了，一定要记得保存哦。

 练一练

1. 小猫想在 Scratch 中导入一张自己在网上下载的图片作为背景，应该使用哪个按钮？【答案：A】

A.

B.

2. 小明将拍摄的多张照片添加到背景里，下列哪个积木不能实现照片的切换效果？

【答案：A】

A. 　　B.

举一反三"电子相册"

扫一扫，看视频

要求：

1. 保留小猫的角色。

2. 上传多张照片作为背景。

3. 点击下一张按钮切换照片。

4. 每张照片都有小猫的介绍。

5. 添加一个合适的背景音乐。

案例5　时尚的小猫

扫一扫，看视频

小猫在儿童节表演了一场时尚变装秀，并随着灯光背景的变化换了一身又一身的时装，真是太酷啦。图1.97 为案例5 的程序效果图。

图1.97

准备工作

1. 保留小猫角色。

2. 绘制5 个颜色不同的舞台背景，如图1.98 所示。

图1.98

功能实现

1. 添加5 个不同着装的小猫造型。

2. 舞台背景定时切换，并播放背景音乐。

3. 点击绿旗后，小猫在素颜状态下先说开场白（发出声音），然后在不同的背景下，换上不同的时装。

亲自出"码"

1 修改小猫的造型

（1）复制小猫和造型。

①进入小猫的造型，如图 1.99 所示，将小猫的第二个造型删除，如图 1.100 所示。

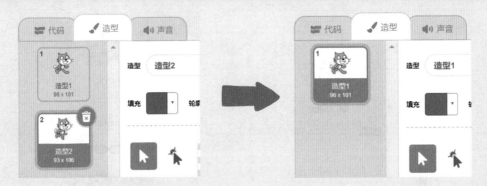

图1.99　　　　　　　　　　　　　　　　图1.100

②将鼠标移动到造型 1 上，右击，在弹出的快捷菜单中选择"复制"命令，如图 1.101 所示。

图1.101

这样，一个一模一样的造型就复制成功了，如图 1.102 所示。
③使用相同的方法，再复制出 4 个造型 1，如图 1.103 所示。

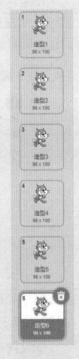

图1.102　　　　　　　　　　　　　图1.103

（2）修改小猫的造型。
①在造型绘制界面左下角添加一个新的装饰造型，如图 1.104（添加前）和图 1.105（添加

后）所示。

图1.104 　　　　　　　　　　　　　　　图1.105

②在选择工具的状态下，单击"复制"按钮，如图1.106所示。

③单击选择小猫的造型2，在选择工具的状态下，单击"粘贴"按钮，一个太阳眼镜的造型就添加到小猫的造型里了，如图1.107所示。

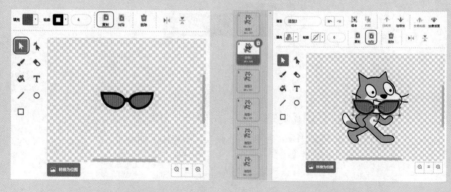

图1.106 　　　　　　　　　　　　　　　图1.107

这时会出现一个操作难点，那就是怎么把眼镜放到小猫眼睛的位置。此时千万不要单击绘制界面的空白处，应直接单击"组合"按钮，将太阳眼镜所有的图案组合成一个整体，这样方便选择拖动，如图1.108所示。

如果操作错误，则单击"后退一步"按钮或者"前进一步"按钮，重新操作就可以了。

④使用选择工具将太阳眼镜拖动到小猫眼睛的位置，如图1.109所示。

图1.108 图1.109

拖动双向旋转箭头 ，左右移动鼠标调整太阳眼镜的角度，直至调整合适角度后，单击造型绘制界面的空白处结束修改，这样第一个时尚小猫的造型就修改完成了，如图1.110所示。

⑤下面按照上述方法，继续修改其余4个小猫造型，如图1.111所示。

图1.110 图1.111

2 背景程序

切换舞台背景的程序在之前的案例中已经学习过了，编写程序时，应注意切换背景的等待时间需要符合程序效果，如图 1.112 所示。

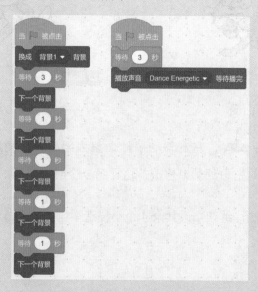

图1.112

3 小猫的程序

（1）小猫说话。

①无论小猫的造型如何变化，当绿旗被点击后，都需要从第一个"素颜"造型开始切换。因此，当小猫的程序开始运行时，应先使用表 1.11 所示的积木指令初始化为"素颜"造型，也就是切换为造型 1，程序如图 1.113 所示。

表 1.11

指令名称	指令用途
换成 造型1 ▼ 造型 【外观 - 换成（造型 1）造型】	将角色造型切换为指定造型

②小猫说话并且发出说话的声音事件需要用到"并行程序"，让说话的气泡和发出的声音同时出现，如图1.114所示。

图1.113   图1.114

现在小猫发出的是猫叫，该如何让小猫发出人说话的声音呢？其实很简单，只需要录入一段自己说话的声音就可以了（电脑需要配备麦克风）。单击左上角的"声音"选项卡，将鼠标移动到声音编辑界面的左下角"选择一个声音"上，再单击第二个按钮，如图1.115所示。

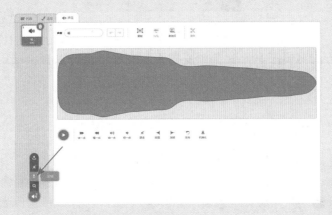

图1.115

③单击圆形录制按钮后，开始对着麦克风说话，如图1.116所示。

④说完后，单击方形按钮停止录制，如图1.117所示。

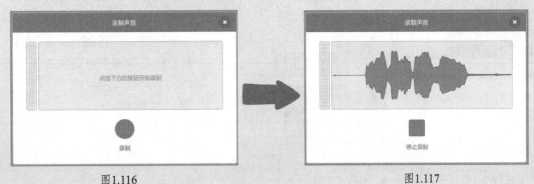

图1.116   图1.117

⑤可以通过调整两边的裁剪线，选取需要的一段音频，如图 1.118 所示。

选取后可以通过单击"播放"按钮试听，确定无误后，单击右下角的"保存"按钮，保存音频。如果音频出现问题，也可以单击左下角的"重新录制"按钮再次录制声音，如图 1.119 所示。

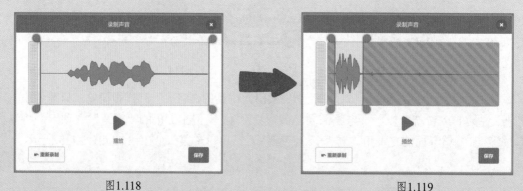

图1.118　　　　　　　　　　　　　　　　　图1.119

⑥可通过下方的剪辑工具，让音频变得更加有趣，也可以直接使用录制的音频，如图 1.120 所示。

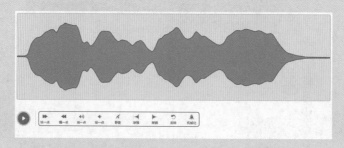

图1.120

图1.121

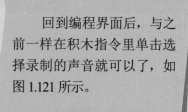

回到编程界面后，与之前一样在积木指令里单击选择录制的声音就可以了，如图 1.121 所示。

这样小猫的初始程序就编写完了。

（2）小猫换装。

之前的案例中已经学习过，如何让角色在指定的背景里说指定的内容。结合本案例所学习的"换成（造型1）造型"积木指令，就可以实现小猫在不同的背景下换上不同时装的程序效果，如图1.122所示。

图1.122

至此，所有的程序就编写完成了，一定要记得保存哦。

练一练

1. Ballerina是个喜欢跳舞的女孩，她有4个造型，执行完下图的程序后，Ballerina换成了第几个造型？【答案：A】

A. 1   B. 4

2. Parrot 有两个造型，下列选项程序执行结束后，能够看到 Parrot 多次挥舞翅膀效果的是？【答案：B】

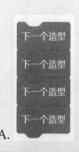

A.

B.

举一反三 "小恐龙吃面包"

扫一扫，看视频

要求：

1. 删除默认的小猫角色。

2. 添加角色：Dinosaur1 和 Bread。

3. 使用橡皮擦工具修改面包的造型。

4. 点击绿旗，小恐龙换成造型 1，然后发出声音："我的肚子好饿啊，这里有一个面包，我要吃了它。"说完后开始来回换成造型 2 低头和造型 1 抬头的动作，并发出吃东西的声音，面包吃完后，小恐龙换成造型 4，跳起来说："吃饱了，太开心了！"

5. 点击绿旗，面包换成造型 1，然后面包需要等着小恐龙低头的时候切换为下一个造型，直到面包吃完为止。

扫一扫，看视频

案例6　青蛙过河

一只小青蛙要去河对岸，可是河里的水太湍急了，小青蛙只能一次又一次地跳到河里的石头上才能到达河对岸。图1.123为案例6的程序效果图。

准备工作

1. 删除默认的小猫角色。

2. 上传舞台背景：山间河流。

3. 添加角色：Frog2，并将角色拖动到左侧河岸，如图1.123所示。

图1.123

功能实现

1. 设置小青蛙的初始位置和初始造型。

2. 小青蛙边跳边"呱呱"叫，并且要有跳跃的动作。

3. 小青蛙需要跳到石头上，不能跳到河水里。

亲自出"码"

1 修改小青蛙造型

（1）使用选择工具，在造型的空白位置拖动鼠标绘制一个大小合适的框，将需要修改的造型全部框选后松开鼠标，如图1.124所示。

（2）单击"垃圾桶"按钮，将选中的图案删除，如图1.125（删除前）和图1.126（删除后）所示。

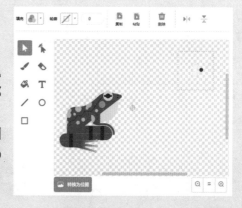

图1.124

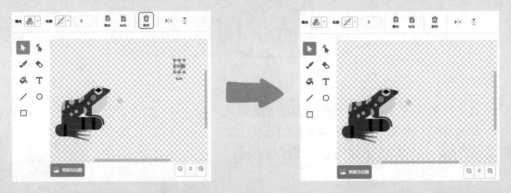

图1.125 图1.126

（3）将小青蛙第二个吃虫子的造型删除，只留下小青蛙第一个蹲着的造型和第三个跳跃的造型，如图 1.127（删除前）和图 1.128（删除后）所示。

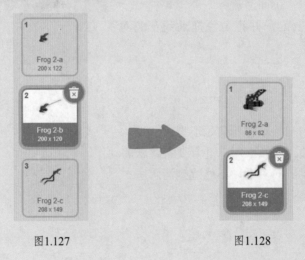

图1.127 图1.128

2 小青蛙的程序

（1）小青蛙跳跃程序。

①初始化小青蛙的造型，让小青蛙在程序开始运行时先换成蹲着的样子，如图 1.129 所示。

图1.129

②现在小青蛙有点大，将它变小一点，如图 1.130 所示。

仔细观察会发现，青蛙变小之后向上移动了一点点，然而青蛙的坐标并没有随着青蛙变小而改变，这说明青蛙并没有移动，这是什么情况呢？其实，在 2D 平面中，角色变大或者变小所占的面积会随之变化。原本青蛙的脚在河边的位置，变小后脚就在石头上了，因此，在将角色大小调整完之后，再次拖动小青蛙到合适的位置，如图 1.131 所示。

③下面使用表 1.12 所示的积木指令给小青蛙设置一个固定的初始位置，让小青蛙的程序每次运行时都从河岸左侧的石头上开始跳跃，如图 1.132 所示。

图1.130　　　　　　　　　　　　　　　　　　图1.131

表 1.12

指令名称	指令用途
移到 x: (0) y: (0)　【运动 - 移到 x：（0）y：（0）】	通过设定 x 轴和 y 轴，将角色定位在舞台的指定位置

在 Scratch 中，使用平面直角坐标系来表示位置，舞台区中间有两条直线交叉穿过，交叉点就是舞台中心点，坐标值为（0，0）。左右方向是横坐标轴，也叫 x 坐标轴，舞台右边缘 x 坐标为 240，左边缘 x 坐标为 –240。上下方向是纵坐标轴，也叫 y 坐标轴，舞台上边

缘 y 坐标为 180，下边缘 y 坐标为 –180。

　　仔细观察会发现，几乎每个角色的大小都是不一样的，那么在设定角色的坐标值时，应该参考角色的什么位置呢？是脚、身体还是角色中心？其实都不是，在 Scratch 中角色的坐标值是以造型的中心点坐标值为参考的。

　　此时小青蛙的坐标值为（–110，–66），也就是舞台左下角的位置，如图 1.133 所示。

图1.132

图1.133

 小提示：

1. X 轴的坐标从左到右逐渐增大，也就是右侧的坐标数值大于左侧的坐标数值。Y 轴的坐标从下到上逐渐增大，也就是上面的坐标数值大于下面的坐标数值。

2. 角色的坐标值大于或者小于舞台边缘的坐标值，角色的最大坐标值和最小坐标值都与角色大小有关。

（2）小青蛙边跳边叫程序。

①小青蛙准备向右边的第一块石头上跳跃，并且边跳边叫，这里需要使用表 1.13 所示的积木指令，让小青蛙发出叫声后就立刻跳跃，而不是叫完再跳，如图 1.134 所示。

表 1.13

指令名称	指令用途
播放声音 Croak ▼ 【声音 - 播放声音（Croak）】	播放当前角色指定声音的同时，继续执行程序

图1.134

②把小青蛙拖动到河中左边第一块石头上，角色坐标位置会自动发生变化，如图1.135所示。

③再次设定小青蛙在左边第一块石头上的坐标位置，如图1.136所示。

图1.135

图1.136

④这样小青蛙就从河的左岸跳到了河中左侧第一块石头上，接下来将小青蛙跳跃的过程再重复两次就可以使其到达河的右岸了，如图1.137和图1.138所示。

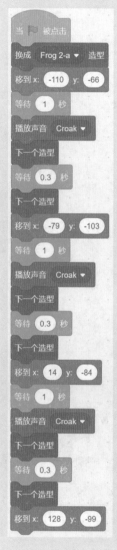

图1.137

图1.138

3 背景音乐程序

还可以再添加一个背景音乐，让程序效果变得更加有趣，如图1.139所示。

图1.139

至此，所有的程序就编写完成了，一定要记得保存哦。

 练一练

1. 执行下列程序，能够听到几声猫叫？【答案：A】

     A. 2   B. 4

2. 下列哪个程序可以实现让小猫出现在舞台右下角？【答案：A】

A.   B.

 举一反三 "隐身术"

扫一扫，看视频

要求：

1. 绘制一个有三种颜色的背景。

2. 添加任意角色并修改角色造型，造型的数量和颜色与背景的颜色数量和颜色保持一致。

3. 初始化角色位置和造型（第一个造型与背景颜色不同）。

4. 让角色进入不同颜色的区域，并且切换为和该区域颜色一致的造型，从而实现隐身效果。

案例7　　寻找大秘宝

海峡的尽头埋藏着宝藏，但是弯曲的海峡成为了宝藏的天然屏障，只有足够的智慧和勇气才能抵达终点找到宝藏。图1.140为案例7的程序效果图。

图1.140

准备工作

1. 删除默认的小猫角色。

2. 上传舞台背景：海峡。

3. 上传角色：小船，并将角色拖动到始发点。

功能实现

1. 让小船从始发点出发，行驶到宝箱的位置，注意小船不可以上岸。

2. 找到宝箱后发出胜利的声音，并说"我找到宝藏了！"。

亲自出"码"

（1）小船向右移动。

①设置小船固定的始发位置，然后说"出发寻找宝藏！"，如图1.141所示。

图1.141

②小船的移动就像人类走路一样，这里需要先使用表1.14所示的积木指令，让小船面向一个方向，再使用表1.15所示的积木指令，让小船移动起来。

表1.14

指令名称	指令用途
面向 90 方向 【运动 - 面向（90）方向】	给角色设定一个固定的面向方向，其中90是向右，0是向上，-90是向左，180是向下

表1.15

指令名称	指令用途
移动 10 步 【运动 - 移动（10）步】	让角色朝着面向的方向移动，移动的步数自定

③将这两个积木指令连接起来就可以实现让小船向右移动10步的程序效果，如图1.142所示。

④将移动参数修改为100步，如图1.143所示，移动后到达第一个拐弯处，如图1.144所示。

图1.142

图1.143

（2）小船向上移动。

①跟刚才一样，需要将小船先面向右方，然后再移动。将刚才"面向（）方向"加"移动（）步"的程序复制一下，然后在两次移动之间再添加一个等待的时间，如图 1.145 所示。

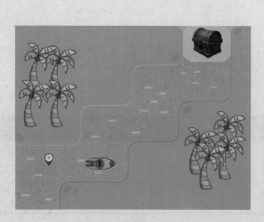

图1.144　　　　　　　　　　　　　　　　图1.145

②单击"面向（）方向"积木指令中的数字 90，如图 1.146 所示。拖动鼠标箭头转动到上方后单击旁边的空白位置就可以了，如图 1.147 所示。

图1.146　　　　　　　　　　　　　　　　图1.147

（3）小船弯道移动。

①从背景上可以看到河道横向移动距离长，纵向移动距离短，因此，将移动参数修改为 80 步，如图 1.148 所示。

此时已经顺利走过了第一个弯道，如图 1.149 所示。

②还有 4 个弯道要过，这 4 个弯道的程序内容和前面是一样的，可以直接复制修改，如图 1.150 所示。

图1.148

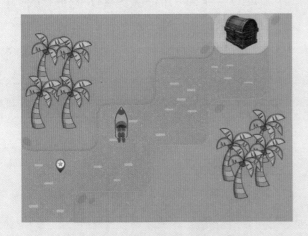

图1.149

图1.150

③最后一个弯道的纵向距离很短，这时将移动参数修改为 20 步，小船就成功地找到宝藏了，如图 1.151 所示。

图1.151

至此，所有的程序就编写完成了，一定要记得保存哦。

练一练

1. 小猫的初始位置如图所示，要想让小猫走到屏幕左下角，应该运行下列哪个程序？【答案：B】

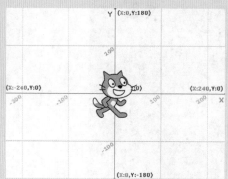

A.

B.

2. 赛车只有一个造型，水平向右，小猫想让赛车向右转弯，用户需要用到下列哪个模块中的积木？【答案：A】

  A. 运动   B. 控制

 举一反三 "爱画画的 Goblin"

要求：

1. 添加舞台背景：Forest。

2. 添加角色：Goblin。

3. 修改 Goblin 的造型。

4. 点击绿旗，Goblin 从舞台的左边开始来回切换造型 1 和造型 2 走到画板前，说："今天到森林里写生"，然后来回切换造型 3 和造型 2 直到画画结束后，说"画完了，大家觉得好看吗？"。

5. 点击绿旗，画板换成造型 1，等待 Goblin 抬笔时切换下一个造型，直到换成造型 3 后停止。

扫一扫，看视频

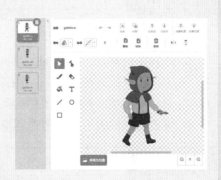

案例 8　吉他女孩

又到了一年一度的元旦联欢会，同学们兴高采烈地表演着各种各样的精彩节目。看！我们班的吉他女孩登场了，她的吉他表演可是压轴节目。图 1.152 为案例 8 的程序效果图。

图1.152

准备工作

1. 删除默认的小猫角色。
2. 添加舞台背景：Spotlight。
3. 上传角色：吉他女孩 1，并在这个角色中上传"吉他女孩 2"作为第二个造型，如图 1.153 所示。
4. 调整角色的大小，并拖动到舞台中间位置。

图1.153

功能实现

1. 吉他女孩报幕之后，开始播放伴奏音乐，伴奏声要小于弹奏声。
2. 按下键盘上的 1，2，3，4，5，6，7 键；发出吉他声：哆，来，咪，发，嗦，拉，西。
3. 吉他女孩要有弹奏的动作。

亲自出"码"

1 吉他女孩的程序

（1）报幕。使用"说（）（）秒"积木指令来实现报幕的程序效果，如图1.154所示。

（2）设置乐器类型。

①单击编程界面左下角的"添加扩展"按钮，如图1.155所示。

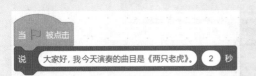

图1.154

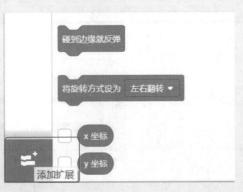

图1.155

②选择音乐模块，如图1.156所示。

这样就添加成功了，如图1.157所示。

图1.156

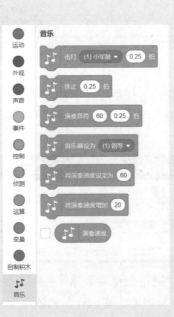

图1.157

③这里需要使用表 1.16 所示的积木指令设置乐器类型。

表 1.16

指令名称	指令用途
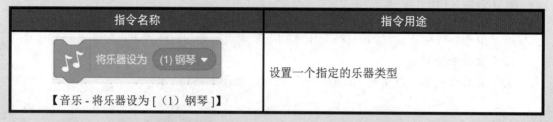【音乐 - 将乐器设为 [（1）钢琴]】	设置一个指定的乐器类型

将乐器类型设置为吉他，如图 1.158 所示。

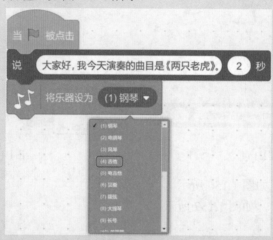

图1.158

（3）弹奏音乐。

①使用键盘弹奏乐曲。按下键盘上对应的按键后，开始运行演奏程序，此时需要使用表 1.17 所示的积木指令作为开始"事件"。

表 1.17

指令名称	指令用途
【事件 - 当按下（空格）键】	当按下设定好的按键后开始执行程序

②当按下"空格"键后弹出下拉框，如图 1.159 所示。选择某个按键，这时只有正确按下对应按键，程序才能够运行，如图 1.160 所示。

③在现实生活中，首先要做出弹琴的动作，随后发出对应的声音。这个过程在程序里也是一样的，首先切换造型，如图1.161所示，再使用表1.18所示的积木指令发出声音。

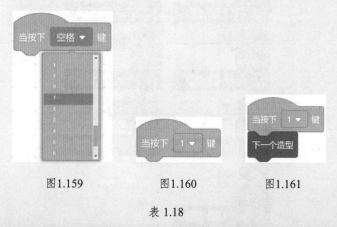

图1.159　　　　　图1.160　　　　　图1.161

表1.18

指令名称	指令用途
演奏音符 60 0.25 拍 【音乐 - 演奏音符（60）（0.25）拍】	演奏指定的音符并发出声音

这样第一个弹奏音乐的程序就编写完成了，如图1.162所示。

④单击数字60，这时将出现一个类似于钢琴的键盘，如图1.163所示。

图1.162

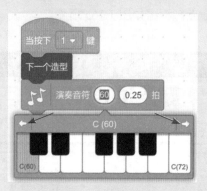

图1.163

⑤可以通过单击左右两边的箭头选择音高。先单击第一个白键，接着单击编程区的空白位置完成选择。其余的2，3，4，5，6，7程序都是这样操作的，如图1.164所示。

图1.164

此时，弹奏程序就编写完成了。

② 伴奏程序

将伴奏程序编写到背景里，等待吉他女孩报幕结束后再播放伴奏音乐。通常伴奏音乐的声音要小于演奏的声音，因此需要使用表 1.19 所示的积木指令，将背景音乐的声音音量设置得小一点，程序如图 1.165 所示。

表 1.19

指令名称	指令用途
将音量设为 100 % 【声音 - 将音量设为（100）%】	设置音乐播放的音量，最大值为 100，最小值为 0

图1.165

至此，所有的程序就编写完成了，一定要记得保存哦。

练一练

1. 在编程时，不小心拼错了积木，导致程序无法播放声音。下列能让消除声音的程序是？【答案：A】

A.

B.

2. 下列哪个程序可以让小猫向左移动。【答案：B】

A.

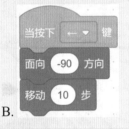

B.

举一反三"音乐会"

要求：

1. 上传钢琴少年和吹笛少年的角色。

2. 添加任意舞台背景。

3. 按下 1，2，3，4，5，6，7 键发出钢琴声。

4. 按下 a，s，d，f，g，h，j 键发出笛子声。

扫一扫，看视频

案例 9　**音乐播放器**

音乐播放器是一种用于播放音乐文件的软件，它可以控制音量大小，控制播放速度，还能停止音乐。图 1.166 为案例 9 的程序效果图。

图 1.166

准备工作

1. 删除默认的小猫角色。

2. 添加舞台背景：Rays。

3. 上传角色：播放器，并将角色移动到舞台中间。

4. 添加角色：Button1，并将角色移动到按键中间。

功能实现

1. 按上下键控制音量大小。

2. 按左右键控制播放速度。

3. 单击 Button1 角色，停止音乐。

亲自出"码"

1 显示音量

（1）在积木区声音分类里勾选"音量"复选框，如图1.167所示，使音量数值显示在舞台上，如图1.168所示。

（2）将鼠标移动到舞台上的"播放器：音量"上，右击，在弹出的快捷菜单中选择"大字显示"命令，如图1.169所示。

图1.167

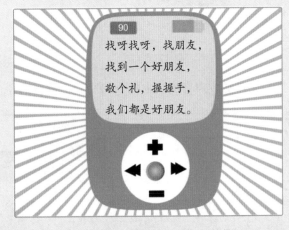

图1.168

（3）将鼠标移动到音量数值上，将播放器拖动到左上角的合适位置，如图1.170所示。

图1.169

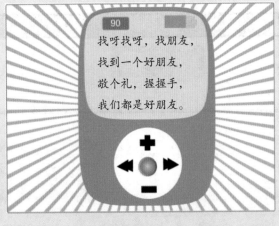

图1.170

2 播放器程序

（1）播放音乐。

①给播放器的角色上传"儿童歌"的声音，如图 1.171 和图 1.172 所示。

图1.171 图1.172

②将播放声音的积木指令编写到播放器的角色里，如图 1.173 所示。

图1.173

（2）调整音量。此刻默认的音量大小是 100，通过按上下键，并使用表 1.20 所示的积木指令调整音量大小，如图 1.174 所示。

表 1.20

指令名称	指令用途
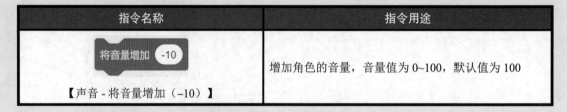 【声音 - 将音量增加（–10）】	增加角色的音量，音量值为 0~100，默认值为 100

图1.174

小提示：

在 Scratch 中，参数前面没有符号表示增加，参数前面的减号表示减少。

（3）调整播放速度。通过按左右键，并使用表 1.21 所示的积木指令来控制音乐的播放速度，如图 1.175 所示。

表 1.21

指令名称	指令用途
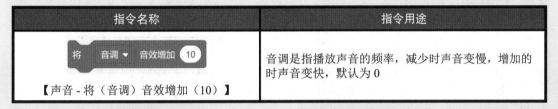 【声音 - 将（音调）音效增加（10）】	音调是指播放声音的频率，减少时声音变慢，增加的时声音变快，默认为 0

图1.175

③ **Button1 按钮程序**

（1）设置固定位置。先给 Button1 角色设置一个固定的位置，这样可以避免角色被移动到其他位置，程序如图 1.176 所示。

（2）停止音乐。当角色被点击后，使用表 1.22 所示的积木指令来停止所有声音，程序如图 1.177 所示。

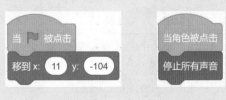

图1.176　　　　图1.177

表 1.22

指令名称	指令用途
 【声音 - 停止所有声音】	停止所有角色以及背景中的声音

 小提示：

　　在点击按钮的过程中，可能会出现按钮角色被播放器角色覆盖的情况，这时需要将播放器角色先拖动到一边，再将按钮角色拖动到另一边，接着将播放器角色拖回原来的位置，最后将按钮角色拖动到播放器角色的上面。这就是简单的图层问题，通过拖动角色调整图层，将被拖动的角色调整在图层的最上面。

　　至此，所有的程序就编写完成了，一定要记得保存哦。

练一练

1. 广场中有声控喷泉，当声音的音量大于 60 时，喷泉就会喷出水，现在的音量为 30，下列哪个选项可以让喷泉喷出水？【答案：A】

A.　　　　　　　　　　　　　　B.

2. 运行下列程序后，声音的音量是多少？【答案：B】

A. 100　　　　　　　　　　　　B. 50

举一反三"神奇的录音机"

扫一扫，看视频

要求：

1. 添加 3 个不同场景的舞台背景。

2. 添加角色：Radio。

3. 右击切换舞台背景。

4. 每切换一个舞台背景，都会播放不同的音乐。

注意：在不同的环境下，音乐音量的大小和音调是不一样的。

扫一扫，看视频

案例10　小蝌蚪找妈妈

　　青蛙妈妈在池塘里产了一些卵，夏天，池塘里的水越来越暖和，这些圆圆的小卵慢慢变成了一群长尾巴的小蝌蚪，可是刚出生的小蝌蚪发现它们的妈妈不见了，快去帮助小蝌蚪找妈妈吧。图1.178为案例10的程序效果图。

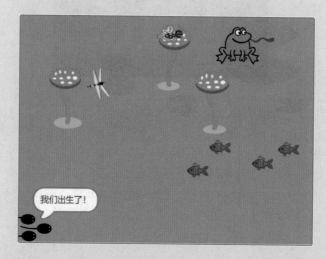

图1.178

准备工作

　　1. 删除默认的小猫角色。

　　2. 上传舞台背景：夏日池塘。

　　3. 上传角色：小蝌蚪，并将角色移动到舞台左下角。

　　4. 添加角色：Frog，并将角色移动到舞台右上角的荷叶上。

功能实现

　　1. 程序开始运行时，青蛙卵出现在舞台左下角。

　　2. 青蛙卵每隔2秒变化一次，直到变化为长尾巴的蝌蚪为止，然后每隔1秒说一句话"我们出生了！""可是我们的妈妈呢？""我们去找妈妈吧！"。

　　3. 用上下键控制小蝌蚪前进和后退，并且有游泳的动作，左右键控制小蝌蚪的方向。

4. 青蛙妈妈在荷叶上左右来回跳一次。

5. 添加一个合适的背景音效。

亲自出"码"

1 小蝌蚪程序

（1）小蝌蚪出生，如图 1.179 所示。

（2）前后移动。按上下键边移动边切换造型，如图 1.180 所示。

（3）左右转弯。要想实现小蝌蚪左转弯的程序效果，需要用到表 1.23 所示的积木指令。右转的积木指令在之前的案例中已经学习过了，如图 1.181 所示。

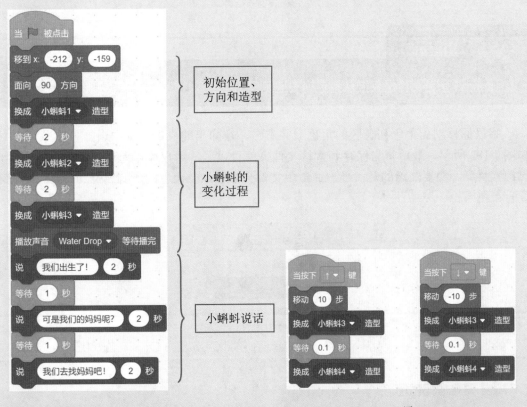

图1.179

图1.180

表 1.23

指令名称	指令用途
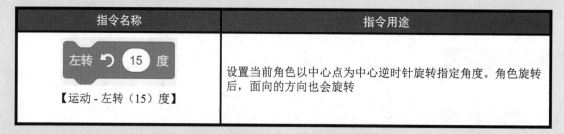 【运动 - 左转（15）度】	设置当前角色以中心点为中心逆时针旋转指定角度。角色旋转后，面向的方向也会旋转

图1.181

 小提示:

sprite3 角色文件是直接从角色列表区里导出来的。

将鼠标移动到角色列表区的角色上并右击，在弹出的快捷菜单中选择"导出"命令，如图 1.182 所示，最后将它保存到素材文件夹就可以了，用户可以通过这样的方式充实自己的素材库。需要注意的是，导出的角色文件会继承这个角色的所有属性和程序，切记不要盲目使用。

图1.182

2 青蛙妈妈程序

（1）青蛙妈妈跳动的程序效果是先向上移动跳跃，然后向右移动，最后向下移动落下。返回时，上下跳动程序不变，青蛙妈妈面向左边返回，如图 1.183 所示。

（2）运行程序后发现青蛙妈妈角色面向下方，结果如图 1.184 所示，这样既不合理也不美观。

图1.184

因此需要使用表 1.24 所示的积木指令，让青蛙妈妈面向左右方向。

表 1.24

指令名称
将旋转方式设为 左右翻转 ▼
【运动 - 将旋转方式设为（左右翻转）】
指令用途
设定角色的旋转方式如下。 （1）左右翻转（1 度到 180 度面向右，0 度到 –179 度面向左）。 （2）不可旋转（角色只能面向造型默认方向）。 （3）任意旋转（角色可以 360 度面向任意方向）

（3）为了让程序效果更加合理，还需要调整青蛙妈妈落下时面向的方向。第一次向右跳，落下时面向 179 度，以使得青蛙妈妈面向右侧；第二次向左跳，落下时面向 –179 度，以使得青蛙妈妈面向左侧，程序如图 1.185 所示。

图1.183

图1.185

3 背景音乐程序

最后再加上一段背景音乐，让程序效果变得更加丰富，如图 1.186 所示。

图1.186

至此，所有的程序就编写完成了，一定要记得保存哦。

 练一练

1. 在造型编辑器中，选中橙子以及它的阴影后，单击下面哪个按钮可以让造型从图 1 变成图 2？【答案：A】

图1   图2

A.   B. 将旋转方式设为 左右翻转 ▼

2. 小甲虫的初始状态与位置如左图所示。下列选项中，能够让小甲虫爬上右图位置并且头朝上的是？【答案：B】

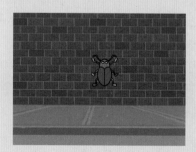

A.

B.

举一反三"小鸡吃害虫"

扫一扫，看视频

要求：

1. 添加舞台背景：Farm。

2. 添加角色：Hatchling 和 Grasshopper。

3. 给 Chick 角色里的造型 1 添加 Hatchling 后作为小鸡的第四个造型。

4. 当程序开始运行时，如图所示初始化角色位置和造型。

5. Grasshopper 来回跳动一次，并有跳动的动作。

6. 鸡蛋逐渐变化成小鸡，并通过上、下、左、右键控制小鸡走到害虫的位置。

扫一扫，看视频

案例11　综合案例——Avery 的周末

终于到周末了，Avery 写完家庭作业后，决定去客厅玩一会儿，她先听了一段音乐，随后打开电视看了一部动画片，此时爸爸妈妈在睡午觉，所以电视声音要调小一点。图 1.187 为案例 11 的程序效果图。

图1.187

图1.188

准备工作

1. 删除默认的小猫角色。
2. 添加舞台背景：Room2。
3. 上传角色：电视机，并添加声音为 Movie2。
4. 上传角色：音响，并添加声音为 Drum。
5. 添加角色：Avery Walking，并将 Avery-b 添加到造型 5，如图 1.188 所示。

功能实现

1. Avery 从舞台的左下角向右走进客厅，停下后站着说话。

2. 电视机放在书柜上保持关闭的状态，当鼠标单击时切换为播放状态，并同时播放音乐。使用上下键可以控制音量的大小，按下空格键可以关闭电视。

3. 音响放在茶几上保持关闭的状态，当鼠标单击时切换为播放的状态，并播放音乐。使用左右键可以控制音乐的播放速度，按下空格键可以关闭音响。

亲自出"码"

1 Avery 的程序

（1）设置角色的初始位置和造型，如图 1.189 所示。

图1.189

（2）切换造型。接下来需要让 Avery 走到客厅里，可以看到 Avery 角色总共有 5 个造型，从第一个行走造型开始到最后停下来站立，需要切换 4 次造型，同时每切换一次造型就要移动几步，如图 1.190 所示。

（3）添加等待时间。走到客厅后 Avery 需要说几句话，可以在两句话之间加上一个等待时间，使其产生一个停顿效果，就像生活中一句一句说话一样，如图 1.191 所示。

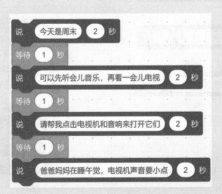

图1.190　　　　　　图1.191

（4）将 3 段程序从上到下连接起来，组成 Avery 完整的程序，如图 1.192 所示。

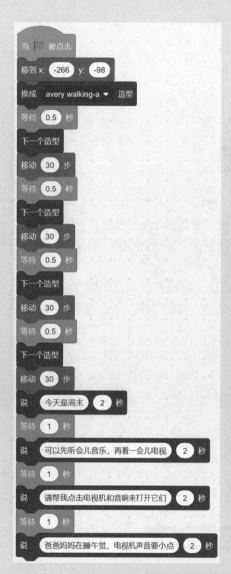

图1.192

2 电视机程序

（1）设置电视机的位置和初始造型，如图 1.193 所示。

（2）打开电视机。当电视机被点击时，切换为"电视机开"的造型，并且同时播放声音，如图 1.194 所示。

图1.193

图1.194

（3）控制音量。通过上下键控制电视机的音量大小，如图 1.195 所示。

（4）关闭电视机。通过空格键关闭电视，需要注意的是，关闭电视机时画面和声音要同时关闭，如图 1.196 所示。

图1.195

图1.196

❸ 音响程序

（1）设置音响的位置和初始造型，如图 1.197 所示。

（2）打开音响。当音响被点击时，切换为音响打开的造型，同时播放音乐，音乐播完后，关闭音响，如图 1.198 所示。

图1.197

图1.198

（3）控制音乐的播放速度。通过左右键控制音乐的播放速度，如图 1.199 所示。

（4）关闭音响。通过空格键关闭音响，同时停止声音，如图 1.200 所示。

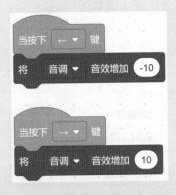

图1.199

图1.200

至此，所有的程序就编写完成了，一定要记得保存哦。

扫一扫，看视频

案例12　综合案例——登鹳雀楼

用一个小动画展示一首世代流传、脍炙人口的古诗，告诉人们只有站得高才能看得远的深刻哲理。图1.201 为案例 12 的程序效果图。

图1.201

准备工作

1. 删除默认的小猫角色。

2. 上传舞台背景：古诗背景。

　上传声音：古风音乐。

3. 上传角色：大山，并摆放到图 1.201 所示的位置。

4. 添加角色：Sun 和 Clouds，并如图 1.201 所示调整图层。

5. 绘制角色：古诗，如图 1.202 所示。

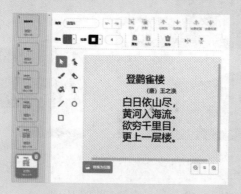

图1.202

功能实现

1. 太阳缓缓地落到山后。
2. 云朵在空中左右来回移动并变换造型。
3. 诗句在音乐声中一句一句地展现，最终显示出完整的古诗。

亲自出"码"

1 太阳的程序

（1）设置太阳在天空中出现的位置，如图 1.203 所示。

（2）添加等待时间。让太阳面向下方，也就是 180 度的方向，缓缓落下。为了让程序效果更加合理，可以让太阳落下的时间和古诗完整显示所用的时间基本保持一致，所以需要在移动之前添加一个等待的时间，如图 1.204 所示。

（3）将两段程序从上到下连接起来，组成太阳完整的程序，如图 1.205 所示。

图1.203

图1.204

图1.205

2 云朵程序

（1）云朵的变化速度通常会慢一点，所以需要先等待一会，再变化移动，如图 1.206 所示。

（2）将这个完整的变化移动过程再重复一遍就是云朵的程序了，如图 1.207 所示。

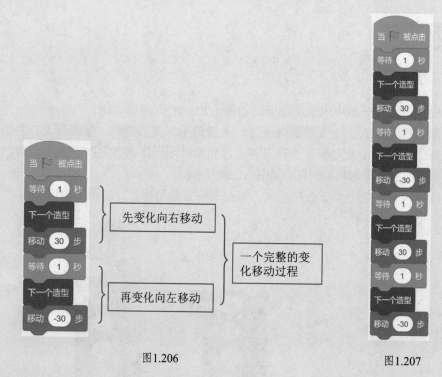

图1.206

图1.207

（3）复制编写好程序的云朵角色，即将鼠标移动到角色列表区中的云朵角色，然后右击，在弹出的快捷菜单中选择"复制"命令，如图 1.208 所示，这样一个带有完整程序的角色就复制成功了，如图 1.209 所示。

图1.208

图1.209

（4）用相同的方法再复制一个云朵角色，然后将3个云朵角色拖动到天空中的不同位置，这样程序效果就会变得更加美观了。

3 古诗程序

（1）初始化古诗角色的位置和造型，初始造型是古诗的标题，如图1.210所示。

图1.210

（2）因为古诗完整的显示时间和太阳落下的时间是一致的，所以每隔2秒显示一句古诗就可以了，如图1.211所示。

（3）将两段程序从上到下连接起来，组成古诗完整的程序，如图1.212所示。

图1.211

图1.212

④ 大山的程序

根据功能实现的要求，大山是没有程序效果的，所以给大山设置一个固定位置就可以了，如图 1.213 所示。

⑤ 背景音乐程序

通常背景音乐的音量会小一点，所以先将音乐的音量设置为 50%，再开始播放音乐。等到古诗显示完整后就可以停止播放音乐，时长大概是 13 秒，如图 1.214 所示，也可以直接将音乐修改为合适的时长后再播放。

图1.213   图1.214

至此，所有的程序就编写完成了，一定要记得保存哦。

综合练习1　**甲壳虫走迷宫**

图 1.215 为综合练习 1 的程序效果图。

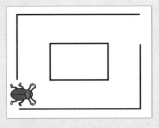

图1.215

1 准备工作

（1）删除默认的小猫角色。

（2）添加角色：Beetle，并添加声音为 Win。

（3）绘制舞台背景：图 1.216 为迷宫背景图，入口在左下角，出口在右上角，线段的颜色为黑色。

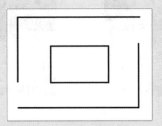

图1.216

2 功能实现

（1）点击绿旗，Beetle 出现在舞台左下角的迷宫入口处，面向右，说"我进来了！"。

（2）Beetle 向右移动，每次移动 160 步，移动后等待 1 秒；到达右下角后，再向上移动，每次移动 100 步，移动后等待 1 秒；到达右上角后，再向右移动 60 步（注意，移动的步数可以根据绘制的迷宫长短调整）。

（3）Beetle 到达舞台右上角的迷宫出口处，说"我出来了！"，然后播放 Win 声音。

综合练习 2　足球射门练习

图 1.217 为综合练习 2 的程序效果图。

1 准备工作

（1）保留默认的小猫角色。
（2）添加角色：Soccer Ball，并添加声音为 Cheer。
（3）添加舞台背景：Soccer，Soccer2。

图1.217

2 功能实现

（1）点击绿旗，小猫和 Soccer Ball 的初始位置如图 1.218 所示，小猫面向右，初始背景为 Soccer2。

（2）小猫向右移动，每次移动 50 步，切换一次造型，等待 1 秒，到达足球位置后，背景切换为 Soccer，然后小猫和足球分别移动到图 1.219 所示的位置。

图1.218

图1.219

（3）按下空格键后，足球向上移动，每次移动 50 步，等待 0.2 秒，到达球门位置后，播放声音 Cheer。

第2章

☞ **本章学习任务:**

- 能够使用积木指令设置角色的图层,控制角色的大小、特效和可视状态。
- 能够熟练地按照舞台区坐标系的变化规律,移动角色。
- 能够编写循环结构的程序和循环语句嵌套的程序。
- 能够编写根据选择语句的结果真假跳出循环的程序。
- 能够使用画笔模块绘制一个完整的图形。
- 能够编写选择结构的程序,包含处理多个条件之间的关系和不同条件选择语句的嵌套程序。
- 能够编写包含碰撞侦测、颜色侦测、距离侦测和键盘控制的程序。
- 能够编写多线程的程序。
- 熟练掌握逻辑运算和关系运算的用法,并在程序中组合应用。
- 掌握绘制选择结构的程序流程图。
- 掌握绘制循环结构的程序流程图。
- 能够中按照要求为不同的角色设置不同的效果。

模块	积木指令	图例
运动	碰到边缘就反弹	碰到边缘就反弹
	在(1)秒内滑行到 x:(0) y:(0)	在 1 秒内滑行到 x: 0 y: 0
	移到(随机位置)	移到 随机位置
	将 x 坐标增加(10)	将x坐标增加 10
	将 y 坐标增加(10)	将y坐标增加 10
	面向(鼠标指针)	面向 鼠标指针
	在(1)秒内滑行到(随机位置)	在 1 秒内滑行到 随机位置

模块	积木指令	图例
外观	移到最（前面）	移到最 前面 ▼
	清除图形特效	清除图形特效
	将（颜色）特效增加（25）	将 颜色 ▼ 特效增加 25
	将（颜色）特效设定为（0）	将 颜色 ▼ 特效设定为 0
	将大小设为（100）	将大小设为 100
	将大小增加（10）	将大小增加 10
	显示	显示
	隐藏	隐藏
	换成（背景1）背景并等待	换成 背景1 ▼ 背景并等待
事件	当（计时器）>（10）	当 计时器 ▼ > 10
控制	重复执行	重复执行
	重复执行（10）次	重复执行 10 次
	重复执行直到（）	重复执行直到
	如果（）那么（）	如果 那么

模块	积木指令	图例
控制	如果（）那么（）否则	如果 那么 否则
	等待（）	等待
	停止（全部脚本）	停止 全部脚本 ▼
侦测	当前时间的（年）	当前时间的 年 ▼
	计时器	计时器
	计时器归零	计时器归零
	2000 年至今的天数	2000年至今的天数
	碰到（鼠标指针）？	碰到 鼠标指针 ▼ ？
	（舞台）的（backdrop#）	舞台 ▼ 的 backdrop # ▼
	将拖动模式设为（可拖动）	将拖动模式设为 可拖动 ▼
	碰到颜色（）？	碰到颜色 ？
	颜色（）碰到（）？	颜色 碰到 ？
	按下鼠标？	按下鼠标？
	到（鼠标指针）的距离	到 鼠标指针 ▼ 的距离
	按下（空格）键？	按下 空格 ▼ 键？

模块	积木指令	图例
运算	（）＜（50）	< 50
	（）＝（50）	= 50
	（）与（）	与
	（）或（）	或
	（）不成立	不成立
	连接（apple）和（banana）	连接 apple 和 banana
画笔	全部擦除	全部擦除
	将笔的颜色设为（）	将笔的颜色设为
	将笔的粗细设为（1）	将笔的粗细设为 1
	落笔	落笔
	抬笔	抬笔

案例13 报时机器人

"罗伯特"是一个 AI 智能机器人，它会准确显示年、月、日、时、分、秒，并且还会定时报时。图 2.1 为案例 13 的程序效果图。

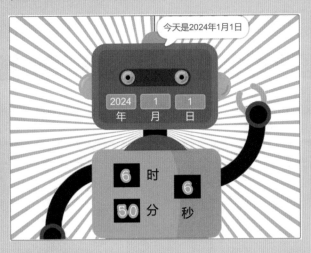

图2.1

准备工作

1. 删除默认的小猫角色。

2. 添加舞台背景：Rays。

3. 上传角色：机器人的身体和头部，并将身体和头部摆放到图 2.1 所示的位置。

4. 上传 3 次角色：数字，并将角色名称分别修改为时、分、秒，然后将角色调整到合适的大小后摆放到机器人身体的对应位置。

功能实现

1. 显示当前时间：年、月、日、时、分、秒。

2. 每过 1 分钟机器人说"今天是 ×××× 年 ×× 月 ×× 日""现在是 ×××× 时 ×× 分 ×× 秒"。

亲自出"码"

1 机器人身体程序

使用表 2.1 所示的积木指令，将机器人身体角色移动到数字角色的后面，这样就不会遮挡住数字角色。在之前的案例中已经学习过用鼠标拖动角色调整图层，这次使用积木指令来调整图层，如图 2.2 所示。

表 2.1

指令名称	指令用途
移到最 前面 ▼ 【外观 - 移到最（前面）】	改变角色层叠关系，将当前角色设置为最上（下）层

图2.2

 小提示：

1. 在调整图层时，可以先使用鼠标拖动角色并摆放好之后，再使用程序设置图层。
2. 背景是最后一层，将角色移到最后面也不会在背景后面。

2 显示年、月、日

（1）我们使用表 2.2 所示的积木指令，将当前年、月、日的数据显示出来。

表 2.2

指令名称	指令用途
当前时间的 年 ▼ 【侦测 - 当前时间的（年）】	获取当前电脑时间（包含年、月、日、星期、时、分、秒）

在积木模块区先选择"年",如图2.3所示。

（2）然后再勾选积木指令 ☑ 当前时间的 年▼ ，让年的数值显示在舞台上 年 2024 。

（3）将数值修改为大字显示 正常显示 / 大字显示 ，最后拖动到机器人头部年的位置。

（4）再次来到积木模块区，先取消勾选 ☐ 当前时间的 月▼ 复选框，将选项设置为"月"，然后再次单击勾选 ☑ 当前时间的 月▼ 复选框，这样月的数值就显示在舞台上了，将月的数值也修改为大字显示，并拖动到机器人头部月的位置。

（5）用相同的方法将日的数值也显示出来，并拖动到机器人头部日的位置，如图2.4所示。

图2.3

图2.4

3 角色时、分、秒程序

（1）编写秒角色的程序，先给角色设置一个固定的位置，如图2.5所示。

图2.5

 小提示：

要养成给角色设置固定位置的习惯，以此避免角色在调整的过程中出现错位的情况。

（2）将角色的造型换为当前时间的"秒"，例如，此刻的时间是 6 时 36 分 20 秒，那么秒角色换成的造型就是数字 20，如图 2.6 所示。

图2.6

（3）运行程序后发现，秒的数字只变化一次之后就不再改变了。这是为什么呢？因为根据之前学习过的编程知识，这是一个顺序结构的程序，最后一个积木指令运行完之后程序就结束了，所以秒的角色只能切换一次当前时间的造型。可是时间每时每刻都在变化，因此就需要使用表 2.3 所示的积木指令，让造型跟着当前时间一直重复变化，这种重复执行的程序，就是循环结构了，如图 2.7 所示。循环结构的流程如图 2.8 所示。

表 2.3

指令名称	指令用途
 【控制 - 重复执行】	无限循环执行被包含的指令

图2.7

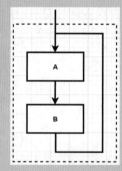

图2.8

连续不断地将造型切换为当前电脑时间秒的造型，这样秒的数字就会一直变化，直到停止程序。

同样，切换时造型（图2.9）和分造型（图2.10）的程序也是这样编写的。

图2.9

图2.10

4 机器人头部程序

（1）机器人头部角色上显示的数值始终在最上层，不需要将头部角色放置到最后，直接设置一个固定位置就可以了。当程序开始运行时，报时功能同时启动，此时需要用计时器来计时，在开始计时之前需要先使用表2.4所示的积木指令，将计时器初始化为零，如图2.11所示。

表2.4

指令名称	指令用途
计时器归零 【侦测 - 计时器归零】	设置计时器从 0 开始计时

图2.11

（2）使用表2.5所示的积木指令，当计时器的数值大于60秒时开始运行报时程序，需要特别注意，程序的顺序，计时器是每隔60秒报时一次，而且报时所用的时间包含在60秒内，所以当计时器大于60秒时，先将计时器归零（归零后继续开始计时），再播放报时提示音，如图 2.12 所示。

表 2.5

指令名称	指令用途
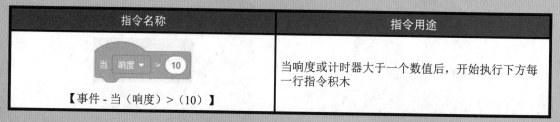【事件 - 当（响度）>（10）】	当响度或计时器大于一个数值后，开始执行下方每一行指令积木

图2.12

（3）让机器人按照指定的格式说话，使用表 2.6 所示的积木指令，将说话内容全部连接起来后再说出，效果如图 2.13 所示。

表 2.6

指令名称	指令用途
【运算 - 连接（apple）和（banana）】	将第一个字符串和第二个字符串连接起来

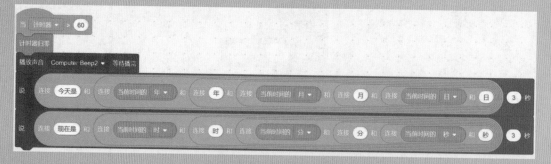

图2.13

至此，所有的程序就编写完成了，一定要记得保存哦。

练一练

1. 动物王国要举办森林音乐会，下列哪个程序能实现音乐连续不停地播放，并且每播放一次声音都逐渐减弱？【答案：A】

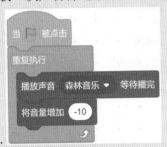

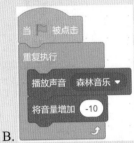

2. 小猫和小狗的初始位置、程序如下图所示。点击绿旗运行程序后，两个角色重叠在一起，程序运行结束后舞台上能看到哪种画面？【答案：B】

举一反三"电子时钟"

扫一扫，看视频

要求：

1. 上传舞台背景：表盘。

2. 上传角色：时、分和秒，并将角色的圆点放到表盘的中心。

3. 时、分、秒都固定在表盘的中心位置，并且时在最后、分在中间、秒在最上面。

4. 让时、分、秒和生活中的钟表一样准时转动。

扫一扫，看视频

孙悟空是家喻户晓的神话人物，他有七十二变的法术，一个筋斗能翻十万八千里。图 2.14 为案例 14 的程序效果图。

图2.14

图2.15

准备工作

1. 删除默认的小猫角色。

2. 上传舞台背景：蟠桃树。

3. 上传角色：孙悟空，并将 Bear-b 添加到造型 2，如图 2.15 所示。

功能实现

1. 按下数字 1 键，孙悟空逐渐隐身，过一会儿再逐渐显示出来。

2. 按下数字 2 键，孙悟空逐渐模糊变成棕熊后逐渐清晰。

3. 按下数字 3 键，变化出 9 个小孙悟空。

4. 按下数字 4 键，孙悟空像漩涡一样旋转，过一会儿又旋转回来。

亲自出"码"

① 孙悟空隐身术

（1）当按下数字 1 键时，初始化角色的状态，将角色换成孙悟空的造型后，再使用

表 2.7 所示的积木指令清除特效，让角色恢复到默认状态，如图 2.16 所示。

表 2.7

指令名称	指令用途
清除图形特效 【外观 - 清除图形特效】	清除角色特效恢复默认状态

图2.16

（2）使用表 2.8 所示的特效积木指令，实现隐身术的程序效果。

表 2.8

指令名称	指令用途
将 颜色 特效增加 25 【外观 - 将（颜色）特效增加（25）】	增加角色的图形特效，包括颜色、鱼眼、漩涡、像素化、马赛克、亮度、虚像

（3）根据表 2.9 所示的特效功能，选择"虚像"特效。

表 2.9

特效功能	指令模块	示例
虚像特效	将 虚像 特效增加 25 【将（虚像）特效增加（25）】	

（4）孙悟空需要逐渐隐身，这是一个连续变化的过程。将虚像特效增加的参数值设置得小一点，再使用表 2.10 所示的积木指令，逐渐增加特效就可以实现这个程序效果了。

表 2.10

指令名称	指令用途
重复执行 10 次 【控制 - 重复执行（10）次】	循环指定的次数后停止循环，跳出循环后继续向下执行指令

（5）重复执行 10 次，每次虚像特效增加 10，以此产生渐变效果，当虚像特效变成 100 时，孙悟空就完全看不见了，如图 2.17 所示。

虚像特效逐渐减少，可以让孙悟空再逐渐显示出来，如图 2.18 所示。

（6）添加一些已经学习过的积木指令，让整个程序效果更加合理有趣，这样隐身术程序就编写完成了，如图 2.19 所示。

图2.17

图2.18

图2.19

 小提示：

虚像特效的取值范围为 0~100，当特效为 0 时完全正常显示，特效为 100 时完全虚化看不到角色。

② 变身术

（1）使用渐变的过程让孙悟空逐渐变成一只熊。如表 2.11 所示，选择"像素化"特效，让孙悟空逐渐像素化，再切换到熊的造型，这种变化过程让变身术看起来更加神奇，如图 2.20 所示。

表 2.11

特效功能	指令模块	示例
像素化特效	将 像素化 ▼ 特效增加 25 【将（像素化）特效增加（25）】	

图2.20

经过连续的变化后，孙悟空变成了一头像素化的熊，如图 2.21（变化前）、图 2.22（变化中）和图 2.23 所示（变化后）。

图2.21　　　　　　　　　图2.22　　　　　　　　　图2.23

（2）这样的效果太模糊了，看起来像一个站起来的泥人，应该让熊再逐渐显示正常，如图 2.24 和图 2.25 所示。

（3）添加一些已经学习过的积木指令，让整个程序效果更加合理有趣，此时变身术程序就编写完成了，如图 2.26 所示。

图2.24

图2.25

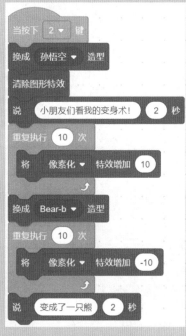

图2.26

3 分身术程序

分身术就是让一个角色图像变成多个同样的角色图像，可以使用表 2.12 所示的马赛克特效实现让孙悟空展示分身术的程序效果。

表 2.12

特效功能	指令模块	示例
马赛克特效	将 马赛克 特效增加 25 【将（马赛克）特效增加（25）】	

由于马赛克特效增加越多，角色图像就越小，为了能够看清楚效果，将特效重复两次就可以了，如图 2.27 所示。

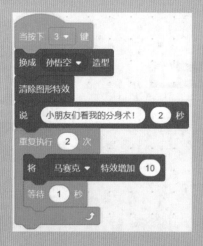

图2.27

4 幻术程序

（1）幻术就是让人眼花缭乱、分不清楚是现实还是虚幻的效果，使用表 2.13 所示的漩涡特效来实现这个程序效果。

表 2.13

特效功能	指令模块	示例
漩涡特效	将 漩涡 ▼ 特效增加 25 【将（漩涡）特效增加（25）】	

（2）漩涡特效参数越大，漩涡也就越大，先增加特效参数，逆时针旋转角色，如图 2.28 所示。

（3）减少同样的特效参数，再顺时针旋转回原来的样子，如图 2.29 所示。

（4）加上奇幻的音效，这样幻术程序就编写完成了，如图 2.30 所示。

至此，所有的程序就编写完了。表 2.14 为剩下的 3 种特效，可以根据特效效果自由发挥继续变化孙悟空。

图2.28

图2.29

图2.30

表 2.14

特效功能	指令模块	示例
颜色特效	 将 颜色 ▼ 特效增加 25 【将（颜色）特效增加（25）】	
鱼眼特效	 将 鱼眼 ▼ 特效增加 25 【将（鱼眼）特效增加（25）】	
亮度特效	 将 亮度 ▼ 特效增加 25 【将（亮度）特效增加（25）】	

 **练一练**

1. 下列哪个选项不是循环语句？【答案：B】

A. 重复执行 10 次

B. 等待 1 秒

2. 运行下列程序，角色的最终坐标是多少？【答案：A】

A.（0，100）

B.（100，100）

扫一扫，看视频

 举一反三 "炫酷的标题"

要求：

1. 任意添加一个舞台背景。

2. 绘制一个文字角色。

3. 当程序开始运行时，文字角色出现在舞台的最下方，再向上移动到舞台的最上方后，接着向下移动到舞台中间位置并任意播放一个欢快的音乐，最后让文字的颜色或其他特效变化几次后停止程序。

扫一扫，看视频

　　太阳系是由太阳以及在其引力作用下围绕它运转的天体构成的天体系统。按照距离太阳的远近，太阳系的八大行星依次是水星、金星、地球、火星、木星、土星、天王星、海王星。图2.31为案例15的程序效果图。

图2.31

准备工作

1. 删除默认的小猫角色。
2. 上传舞台背景：太阳、水星、金星、地球、火星、木星、土星、天王星、海王星。
3. 上传角色：火箭。

功能实现

1. 火箭从左向右飞行，飞行至右边边缘位置后切换背景，并重新从左向右飞行。
2. 每到一颗星球都需要简单介绍这颗星球的相关信息。

亲自出"码"

1 舞台背景程序

（1）切换背景。使用表 2.15 所示的积木指令编写自动切换背景的程序，用切换背景的方式来控制火箭的程序运行，如图 2.32 所示。

表 2.15

指令名称	指令用途
换成 背景1 ▼ 背景并等待 【外观（背景）- 换成（背景1）背景并等待】	换成一个指定的舞台背景，并等待这个背景下的所有程序执行完毕。需要与 当背景换成 背景1 ▼ 搭配使用

（2）背景音乐。重复执行，让好听的音乐反复播放，如图 2.33 所示。

图2.32   图2.33

2 火箭的程序

（1）火箭每到一个星球都是从左向右飞行的，设置一个左下角的固定位置，需要注意的是，这个位置不能碰到左边缘和下边缘，如图 2.34 所示。

（2）等待 1 秒过渡，用"说"的方式介绍这颗星球的信息，如图 2.35 所示。

图2.34

图2.35

介绍完信息之后，火箭就需要飞向下一颗星球，这是一个连续移动的过程。之前已经学习过了"重复执行"和"重复执行10次"积木指令，哪个积木指令更适合本案例的程序效果呢？其实都不太适合。因为"重复执行"是无限循环的，程序会一直执行，就没办法换到下一个星球的背景了。而"重复执行10次"是带有次数的循环，程序执行几次之后就会停止，若要实现程序效果，则需要反复调试重复的次数，让火箭刚好可以到达右边缘，这个循环积木指令可以使用，但在操作上有些麻烦。所以在本案例中，使用表2.16所示的带有跳出条件的循环积木指令。

表2.16

指令名称	指令用途
 【控制 - 重复执行直到（）】	条件未达成前一直循环，直到条件达成时跳出循环

（3）火箭连续不断地移动飞行，直到来到了舞台右边缘。那么该如何判断火箭到达舞台的右边缘呢？这时使用表2.17所示的积木指令，检测是否碰到了舞台的边缘。

表2.17

指令名称	指令用途
 【侦测 - 碰到（鼠标指针）？】	判断当前角色是否碰到其他角色，鼠标或者舞台边缘

 小提示：

在舞台上总共有上、下、左、右4个边缘，碰到其中任意一个边缘都会满足条件。所以在设置火箭初始位置时，一定要注意不要碰到左边缘和下边缘。

（4）碰到舞台边缘后，跳出循环，火箭停止移动，如图2.36所示。

此时，当前背景下的所有程序就执行完毕了，结束后将切换到下一个背景。

（5）将编写好的程序从上到下连接起来，再添加一个合适的音效，这样火箭移动的程序就编写完成了，如图2.37所示。

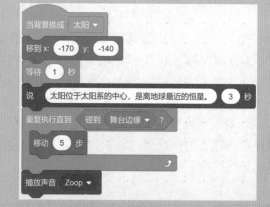

图2.36   图2.37

（6）其余8颗星球的程序和上述编程方法是一样的，可以参考图2.38~图2.41所示的程序。

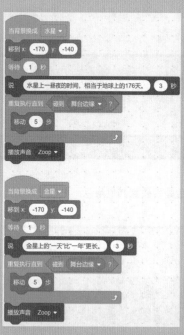

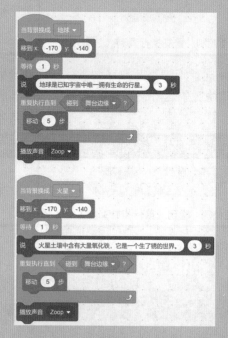

图2.38   图2.39

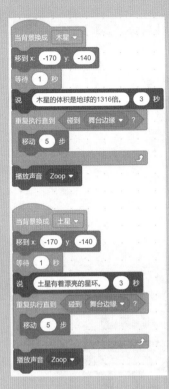

图2.40

图2.41

至此，所有的程序就编写完成了，一定要记得保存哦。

练一练

1. 点击绿旗执行下面的程序，下面选项描述正确的是？【答案：A】

A. 小猫一直移动，当碰到 Fish 后，小猫移动到舞台中心后停止移动。

B. 当碰到 Fish 后，小猫一直移动，直到移动到舞台中心后停止移动。

2. 执行下面的程序，角色一共会移动多少步？【答案：B】

A.50   B.60

 举一反三 "我的学校"

扫一扫，看视频

要求：

1. 添加任意 4 个和学校相关的舞台背景。

2. 添加角色 Avery Walking。

3. 当程序开始运行时，Avery 首先来到学校门前左下角的位置，再向右走动，直到走到舞台最右边时进入下一个学校场景，并且用说话的方式介绍各个场景。还可以改造 Avery 的造型，让她在不同的场景穿着不同的服装。

案例16 夏日萤火虫

炎炎夏日，又到一年萤火飞舞时，在山涧林地、灌木草丛之中，常有成群的萤火虫出没，让我们伴随着虫鸣蛙叫一起去观赏萤火虫吧！图2.42 为案例 16 的程序效果图。

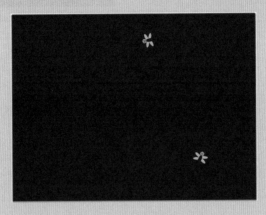

图2.42

准备工作

1. 删除默认的小猫角色。
2. 添加舞台背景：Forest。
3. 绘制舞台背景：黑夜，如图 2.43 所示。
4. 上传角色：萤火虫，并调整到合适大小。
5. 添加角色：Frog、Dragonfly。

图2.43

功能实现

1. 白天青蛙在地上呱呱叫，萤火虫和蜻蜓飞来飞去，如图 2.44 所示。
2. 夜晚已经看不到青蛙和蜻蜓了，只有萤火虫发着光飞来飞去，如图 2.45 所示。

图2.44

图2.45

亲自出"码"

1 舞台背景程序

（1）昼夜交替。初始化舞台背景，将背景设置为白天的森林 Forest，接着连续不断地定时切换下一个背景，如图 2.46 所示。

（2）背景音乐。添加一个夏天的虫鸣蛙叫的背景音乐，让程序效果更加贴近真实场景，如图 2.47 所示。

图2.46

图2.47

2 萤火虫程序

（1）萤火虫飞行。

①根据之前案例所学习的编程知识，让角色连续动起来只需使用 3 个积木指令，如图 2.48 所示。

但是在运行程序时遇到了一个小问题，萤火虫飞进舞台边缘里飞不出来了，如图 2.49 所示。

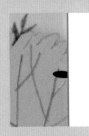

图2.48　　　　　　　　图2.49

②若想解决这个问题，则需要使用表 2.18 所示的积木指令。

表 2.18

指令名称	指令用途
碰到边缘就反弹 【运动 - 碰到边缘就反弹】	设置当前角色碰到舞台上、下、左、右 4 条边缘中的任意一条时就反弹。反弹就是向相反方向运动，反弹后的角色会旋转，默认旋转方式是"任意旋转"

因为萤火虫在移动过程中经常碰到舞台边缘，所以将积木指令放到重复执行的里面，如图 2.50 所示。

③现在萤火虫已经可以来回飞行了，但是只能左右飞行，这会显得有些奇怪，所以还要调整萤火虫面向的方向，让它能斜着飞，如图 2.51 所示。像扔弹球一样，垂直扔下去就会垂直弹上来，斜着扔出去就会斜着弹回来。

④加上事件积木指令，萤火虫的飞行程序就暂时编写完成了，如图 2.52 所示。

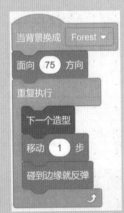

图2.50　　　　　　图2.51　　　　　　图2.52

（2）萤火虫发光。

①萤火虫发光的过程就是不断地变亮变暗的过程，当背景换成黑夜时，使用特效增加的积木指令再加上循环就可以实现这个程序效果了，如图 2.53 所示。

②在测试程序时我们发现了一个小问题，当背景切换为白天的森林背景时，萤火虫也在发光，这个问题该怎么解决呢？可以切换到白天的背景时，把夜晚的程序停止。因此，需要使用表 2.19 所示的积木指令来停止程序运行。

③当切换成白天的森林场景时，先停止夜晚的发光程序，再清除图形特效，恢复萤火虫的默认状态，如图 2.54 所示。

表 2.19

指令名称	指令用途
停止 全部脚本 ▼ 【控制 - 停止（全部脚本）】	停止程序运行，可以采用以下 3 种方式。 （1）停止全部程序运行（包含所有角色程序和背景程序）。 （2）停止当前角色中使用该指令的程序。 （3）停止当前角色中使用该指令以外的所有程序

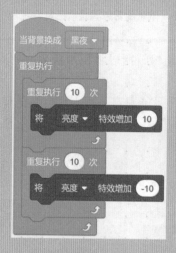

图2.53

图2.54

④将图 2.52 和图 2.54 所示的程序合并后，萤火虫的程序就编写完成了，如图 2.55 所示。

⑤将萤火虫的角色多复制几个实现成群结队的程序效果，如图 2.56 所示。

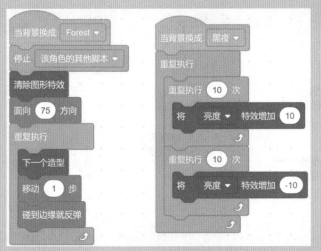

图2.55

图2.56

3 青蛙的程序

（1）青蛙显隐效果。在白天的森林中，因为有阳光所以可以看到青蛙，到了夜晚黑暗笼罩了大地，青蛙身上没有了亮光，也就看不到青蛙了。这时可以通过使用表 2.20 所示的积木指令来实现这个效果。

表 2.20

指令名称	指令用途
将　颜色 ▾　特效设定为　0 【外观 - 将（颜色）特效设定为（0）】	将角色的图形特效设定为一个固定值，包括颜色、鱼眼、漩涡、像素化、马赛克、亮度、虚像

　　白天将亮度设定为 0，也就是默认亮度；夜晚时将亮度设定为 -100，也就是没有亮度，完全黑暗，如图 2.57 所示。

　　（2）青蛙叫声。给青蛙添加一个叫声程序，青蛙的叫声是不分白天和黑夜的，通过直接使用"当绿旗被点击"事件积木指令，让青蛙每隔 3 秒连着叫 2 声，这个效果就像大自然里的青蛙一样，如图 2.58 所示。

图2.57　　　　　　　　　　图2.58

4 蜻蜓的程序

蜻蜓的程序效果和青蛙差不多，只比青蛙多了一个移动的程序，而且移动的程序和萤火虫是一样的，如图2.59所示。

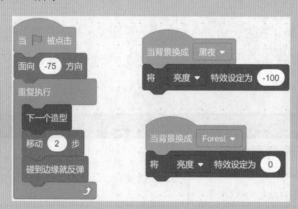

图2.59

至此，所有的程序都编写完了，想一想还可以添加哪些小动物呢？

练一练

1. 下列哪个程序在运行以后，依然可以在舞台上看到小猫？【答案：B】

A.

B.

2. 当绿旗点击时，哪个角色移动的距离最远？【答案：B】

A.

B.

 举一反三 "小猫回家"

扫一扫，看视频

要求：

1. 添加舞台背景 Night City 和 Night City With Street。

2. 上传角色 "路灯"。

3. 绘制圆形角色 "灯光"。

4. 小猫夜晚从左向右走路回家，路上一片漆黑，只能隐约看到小猫。小猫说："太黑了，路灯亮起来吧！" 这时路灯照亮了马路，小猫也能看清楚了，然后继续向右行走，直到碰到舞台右边缘后消失不见。

5. 注意图层问题，如右图所示，灯光在路灯的里面，并且小猫没有被路灯遮挡。

Scratch 少儿编程从入门到精通（视频教学版）

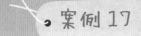

案例 17　　表情大师

这个人的表情有点怪，可以通过拼凑眼睛、鼻子、嘴巴、头发来制作出搞笑的表情。图 2.60 为案例 17 的程序效果图。

图2.60

准备工作

1. 删除默认的小猫角色。
2. 上传舞台背景：身体背景。
3. 上传角色：左眼、右眼、头发、鼻子和嘴巴，并将角色调整至合适的大小，放到左侧的备选框里，如图 2.61 所示。

图2.61

功能实现

1. 当程序开始运行时，角色以合适的大小出现在左侧的备选框里，从上到下依次排开。
2. 当角色被点击时会变成合适的大小，然后移动到脸部的对应位置。
3. 按下 1、2、3、4 键可以分别选择各个角色的样式。

　　120

亲自出"码"

1 头发的程序

（1）初始化角色。在这个程序效果中，角色的大小会发生变化，所以要给角色设置一个固定的初始大小，再通过修改角色大小 的方式，将角色调整至合适的大小。可以使用表2.21所示的积木指令给角色设置一个固定大小，也就是当程序开始运行时角色的大小，然后再设置角色的初始位置，如图2.62所示。

表2.21

指令名称	指令用途
将大小设为 100 【外观 - 将大小设为（100）】	设定角色在程序运行时的大小

小提示：

通常需要先设置大小，再设置位置，这样可以更加准确地设置角色的位置。

（2）移动头发。

①在将头发移动到脸部之前，需要先设置头发的大小，使其与脸部匹配，如图2.63所示。

图2.62　　　　　　　　图2.63

②用鼠标将头发拖动到脸部的合适位置，如图2.64所示。

这一操作是为了给头发记录一个当前的坐标位置，使用表2.22所示的积木指令，可以将头发从左侧备选框移动到当前位置了，如图2.65所示。

表2.22

指令名称	指令用途
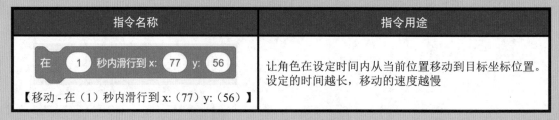 【移动 - 在（1）秒内滑行到 x:（77）y:（56）】	让角色在设定时间内从当前位置移动到目标坐标位置。设定的时间越长，移动的速度越慢

图2.64

图2.65

相比之前学习过的移到坐标位置，滑行到坐标位置时可以看到移动的过程，在一些程序中这样的效果会更加有趣。

③给头发设置一个"滑稽特效"。使用表2.23所示的积木指令，让头发先逐渐变小再逐渐变大，将这个过程重复几次，即可实现滑稽的程序效果了，如图2.66所示。

表2.23

指令名称	指令用途
将大小增加 10 【外观 - 将大小增加（10）】	在程序运行时改变角色大小（设定正数时角色变大，负数时角色变小）

④加上一个有趣的音效，头发的移动程序就编写完成了，如图2.67所示。

（3）切换样式。按下数字1键，然后切换头发的造型，这样就可以实现更换头发样式的程序效果了，如图2.68所示。

这样头发的所有程序就编写完成了。

图2.66

图2.67

图2.68

② 眼睛、鼻子、嘴巴程序

　　眼睛、鼻子、嘴巴程序和头发程序的编写方法是一样的，如图 2.69（左眼）、图 2.70（右眼）、图 2.71（鼻子）和图 2.72（嘴巴）所示。

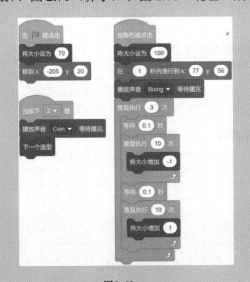

图2.69

图2.70

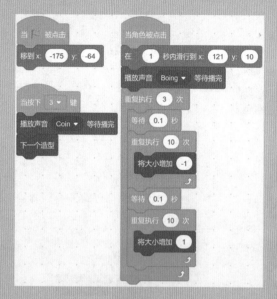

图2.71

图2.72

可以在嘴巴特效结束后说一句话，这样会使得整个效果更加有趣。

3 背景音乐

一个好的背景音乐可以让程序效果锦上添花，如图 2.73 所示。

图2.73

至此，所有的程序就编写完了，别忘了保存哦。

练一练

1. 运行下列程序后，角色的大小是？【答案：A】

     A. 40   B. 30

2. 下列哪个程序可以让默认大小的篮球一直在舞台上移动？【答案：B】

    A.

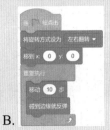
    B.

 举一反三"牛顿的苹果"

要求：

1. 添加任意户外舞台背景。

2. 添加任意大树角色和苹果角色。

3. 将苹果挂到树上，当苹果被点击时从树上
落到地上，并且有近大远小的效果。

4. 当苹果落地时需要上下反弹几次后停下。

扫一扫，看视频

扫一扫，看视频

案例 18　放个烟花

　　"嗖！"一个烟花冲上云霄，在空中划出一道优美的直线。"砰！"在夜空中绽放，飞出了五颜六色的火花。图 2.74 为案例 18 的程序效果图。

图2.74

准备工作

　　1. 删除默认的小猫角色。
　　2. 上传舞台背景：夜空。
　　3. 上传角色：烟花和打火机，并摆放到图2.75 所示的位置。
　　4. 为烟花角色上传"上天"和"爆炸"音效，为打火机角色上传"点火"音效。

图2.75

功能实现

　　1. 当打火机角色被点击时，打火机着火，等待 2 秒熄灭。
　　2. 在舞台全屏模式下，打火机角色可以被拖动到舞台任意位置。
　　3. 当烟花被打火机点燃时，引线不断燃烧至发射筒处，然后烟花飞上天空爆炸。

亲自出"码"

① 打火机程序

（1）拖动打火机。通常角色在舞台全屏模式下只能按照编写好的程序运行，是不可以用鼠标拖动的。若想在全屏模式下拖动角色，则需使用表 2.24 所示的积木指令，将角色设置为"可拖动"，以便角色可以在全屏模式下随意拖动，如图 2.76 所示。

表 2.24

指令名称	指令用途
将拖动模式设为 可拖动 ▼ 【侦测 - 将拖动模式设为（可拖动）】	设定角色在舞台全屏模式下是否可以被拖动，默认状态为不可拖动

随着编程案例复杂程度的增加，一些程序打开后并不是特别清楚如何操作，这时候就需要像游戏里的 NPC 一样给出操作提示，如图 2.77 所示。

图2.76　　　　　　　　　　　　　　　　图2.77

（2）打火。打火机着火与熄灭的过程就是一个切换造型的过程，如图 2.78 所示。

图2.78

② 烟花程序

（1）初始化烟花角色的位置和造型，如图 2.79 所示。

图2.79

（2）烟花引子被点燃是发射烟花的前提，所以需要使用表 2.25 所示的积木指令，来判断烟花是否碰到了着火的打火机。

之前学过的程序结构是顺序结构和循环结构，积木指令是依次执行的，在顺序上没有变化，执行完第一个积木指令，再执行下一个，直到整个程序结束。但在很多场景中，需要改变程序的执行顺序，而这种结构叫作选择结构，如图 2.80 所示，程序流程如图 2.81 所示。

表 2.25

指令名称	指令用途
 **【控制 - 如果（）那么（）】**	如果＜条件达成＞那么按顺序执行被包含的积木指令，条件没有达成则直接向下执行积木指令

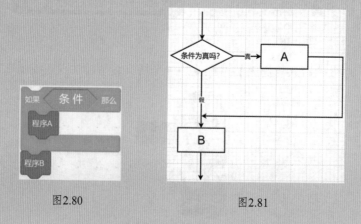

图2.80　　　　　　　　　　图2.81

（3）思考一下，点燃烟花引子需要满足两个条件，即第一个条件是碰到打火机，第二个条件是打火机打出了火，且两个必须要同时满足。碰到没有火的打火机不可以，没碰到有火的打火机也不可以。因此，需要使用表2.26所示的积木指令，让两个条件必须同时满足才可以点燃烟花的引子。

表2.26

指令名称	指令用途
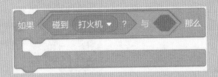 【运算 - （）与（）】	与的两边条件同时成立则结果为真，否则为假

第一个条件是碰到打火机，如图2.82所示。

图2.82

第二个条件是打火机打着火，当打火机是造型2时就说明打火机打着火了，这里需要使用表2.27和表2.28所示的积木指令，在烟花的角色里获取打火机角色的造型编号，并且将打火机的造型编号等于2设为条件，如图2.83所示。

表2.27

指令名称	指令用途
舞台 ▾ 的 backdrop # ▾ 【侦测 -（舞台）的（backdrop#）】	获取舞台或指定角色的属性，包括x坐标、y坐标、方向、造型编号、造型名称、大小、音量

表2.28

指令名称	指令用途
○ = 50 【运算 - （）等于（50）】	等号左边等于右边

图2.83

（4）当两个条件同时达成后，接下来就需要点燃烟花，并且飞上天空爆炸。如图2.84所示，当前是烟花1的造型，引子燃烧的过程需要切换5次造型。

（5）引子燃烧结束后开始飞上天空，飞到指定位置爆炸，这就是放烟花的整个过程了。可以在编写的程序中再加上一些音效和特效，让程序效果更加逼真，如图2.85所示。

现实生活中，烟花爆炸后在天空中停留几秒钟就逐渐消散了，编写的程序也要切合实际，让烟花在空中等待2秒后逐渐消散，如图2.86所示。

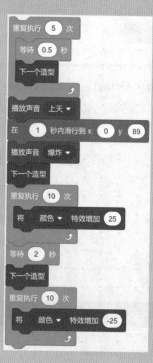

图2.85

图2.84

图2.86

（6）将烟花换成初始造型，并且回到地面上，这样就可以再次放烟花了。程序效果中使用了特效变化，那么初始化程序时也需要将特效初始化，这样才能保证运行程序时烟花角色正常显示。

（7）将程序从上到下连接起来，最终完整的条件判断程序就编写完成了，如图2.87所示。运行程序后，发现预想的效果并没有实现，这是怎么回事呢？其实，程序运行的速度非常快，当绿旗被点击后，如果条件没有达成，则整个程序就运行结束了。因此，要给条件判断程序加上一个重复执行，让它连续不断地判断条件是否达成，如图2.88所示。

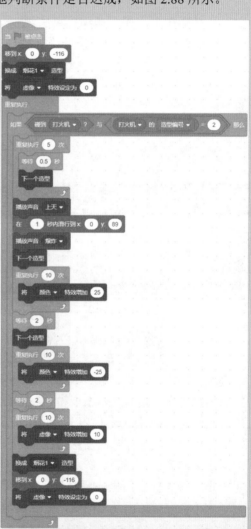

图2.87　　　　　　　　　　　　　　图2.88

至此，所有的程序就编写完了，一定记得保存哦。

1. 对下面积木描述正确的选项是？【答案：A】

   A. 如果①处条件为真，执行②处的指令。

   B. 如果①处条件为真，重复执行②处的指令。

2. 在红框中填入哪个选项可以实现以下效果：如果碰到"大魔王"，角色说"救命！"2秒？【答案：B】

A.

B.

举一反三 "任意门"

扫一扫，看视频

要求：

1. 添加舞台背景 Bedroom 1 和 Castle 4。

2. 绘制角色：椭圆形任意门，如图所示。

3. 当程序开始运行时，任意门在 Bedroom 1 背景里逐渐显示出来后开始旋转。

4. 小猫看到任意门后十分好奇地说了一句话，然后走了过去，碰到任意门后，小猫迅速进入任意门里并逐渐变小，接着换成 Castle 4 背景后小猫逐渐恢复到原来的大小，并在走出任意门后，任意门消失。

案例19 无人驾驶

随着科技的发展，科幻电影里无人驾驶的汽车也进入了现实生活中，它可以按照设置好的路线自动行驶，如果偏离路线还会自动回归。图 2.89 为案例 19 的程序效果图。

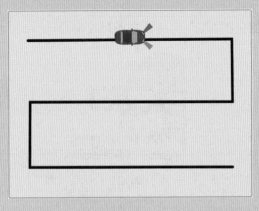

图2.89

准备工作

1. 删除默认的小猫角色。

2. 上传角色：AI 汽车。

3. 绘制舞台背景：行驶路线，如图 2.90 所示。

图2.90

功能实现

在舞台全屏模式下任意拖动汽车，汽车都会回到设定好的路线上行驶，并且不可以驶出舞台。

亲自出"码"

（1）初始化汽车的位置和方向，并将汽车角色设定为可拖动，如图 2.91 所示。

图2.91

（2）编写汽车的自动行驶程序。先思考一下，汽车在行驶过程中有几种状态，分别是什么？

对了，有 3 种状态，分别是前进、左转、右转（由于行驶路线上没有障碍物，所以不考虑后退状态）。既然有 3 种行驶状态，那么就需要使用表 2.29 所示的积木指令来判断这 3 个条件，即什么样的条件下向右转，什么样的条件下向左转，什么样的条件下直线行驶。程序编写如图 2.92 所示，程序流程如图 2.93 所示。

表 2.29

指令名称	指令用途
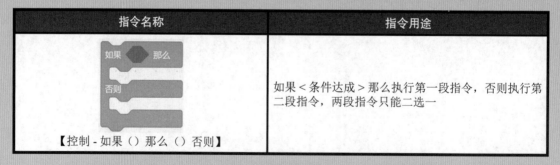 【控制 - 如果（）那么（）否则】	如果 < 条件达成 > 那么执行第一段指令，否则执行第二段指令，两段指令只能二选一

图2.92

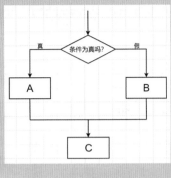

图2.93

（3）需要判断什么条件呢？仔细观察就会发现，在小车的前方有两个颜色不同的探测器，左侧是红色探测器，右侧是蓝色探测器，设定好的线路是黑色的，所以需要使用表2.30所示的积木指令，来判断颜色之间是否有碰撞？

表2.30

指令名称	指令用途
颜色 ● 碰到 ● ？ 【侦测 - 颜色（）碰到（）？】	如果第一个颜色碰到第二个颜色，就返回"真"值

从图2.94得知，左侧探测器的颜色碰到了黑色路线，那么该如何行驶呢？条件程序如图2.95所示。

图2.94

图2.95

这时应该向左转动，若向右转动，则会偏离路线。记得转弯时需要减速，将移动的速度设置得慢一些，如图2.96所示。

（4）如果左探测器没有碰到黑色线路，就要按照图2.93所示的程序流程，运行否则里的指令了，可是否则里的指令该如何编写呢？大家想一想，如果左侧探测器没有碰到黑色路线，这时就要判断右侧探测器是否碰到了黑色路线？但是否则里没有条件判断该怎么办呢？此时可以嵌套一个条件判断积木指令器，如图2.97所示。

（5）进入否则后，再次判断如果右侧探测器碰到了黑色线路该怎么行驶，如图2.98所示。

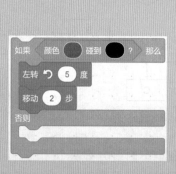

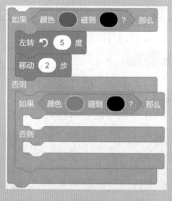

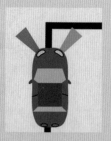

图2.96　　　　　　　　　　图2.97　　　　　　　　　　图2.98

这时需要向右转动，如果向左转动就会偏离路线，如图2.99所示。

（6）左转和右转都判断结束了，接下来就是直线行驶了，直线行驶时速度可以快一点，需要注意的是，行驶的过程中不要跑到舞台外面，如图2.100所示。

（7）还需要再加上重复执行，连续判断条件是否达成，如图2.101所示。

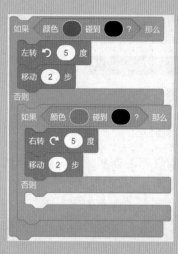

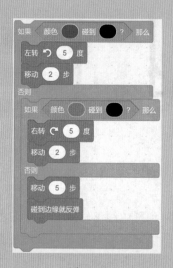

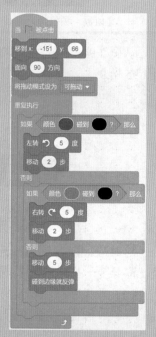

图2.99　　　　　　　　　　图2.100　　　　　　　　　　图2.101

小提示：

两个条件判断的积木指令在嵌套使用时，一定要注意条件判断的顺序。

情况1：如图 2.102 所示。

条件1达成，条件2达成，运行积木指令 A。

情况2：如图 2.103 所示。

条件1达成，条件2达成，运行积木指令 A。

条件1达成，条件2未达成，运行积木指令 B。

条件1未达成，条件3达成，运行积木指令 C。

条件1未达成，条件3未达成，运行积木指令 D。

图2.102　　　　　　　　　图2.103

至此，程序就编写完了，别忘了保存哦。

练一练

1. 做一个赛车游戏，车的初始方向为面向右方，车的左侧是蓝色赛道，右侧是红色赛道，以下哪个选项能实现赛车始终在赛道内前进？【答案：B】

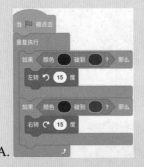

A.

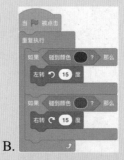

B.

2. 女孩的程序和位置如下图所示，点击一次女孩后等待程序执行完毕，再点击一次女孩，说法正确的是？【答案：A】

A. 第二次点击女孩，女孩说"找到我的宠物了！"

B. 第二次点击女孩，女孩说"我的宠物不是鸭子"。

举一反三"小猫跳蹦床"

扫一扫，看视频

1. 保留默认的小猫角色。

2. 添加舞台背景：Basketball1。

3. 添加角色：Trampoline。

4. 小猫站在蹦床上，如果碰到蹦床就切换跳跃造型向上移动，离开蹦床后就向下移动。

5. 蹦床碰到小猫后会弯曲变形。

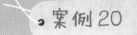 地下城大冒险

小猫来到了一个神秘的地下城，这里漆黑无比、危机四伏，到处都是火焰墙壁和各种机关陷阱，请帮助小猫安全离开这里。图2.104为案例20的程序效果图。

图2.104

准备工作

1. 保留默认的小猫角色，并将角色调整至合适的大小，摆放到左下角的地下城入口处。
2. 上传舞台背景：地下城。
3. 上传角色：雷电、地火、飞轮、出口，并将角色调整至合适的大小，摆放到图2.105所示的位置。
4. 上传角色：探照灯。

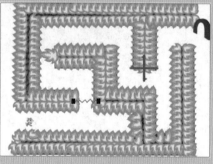

图2.105

功能实现

1. 当小猫被鼠标点击时，立刻移动到鼠标指针位置，并且跟随鼠标移动。在移动过程中如果碰到地下城墙壁或者陷阱，小猫说"闯关失败"后立刻回到始发位置重新闯关，到达出口位置后小猫说"闯关成功"，停止全部程序。
2. 探照灯角色始终跟随小猫移动。

3.雷电陷阱会每隔一段时间快速地通电几次。

4.地火陷阱会每隔一段时间出现，然后消失。

5.飞轮陷阱会一直旋转。

亲自出"码"

1 探照灯程序

（1）图 2.106 所示的探照灯角色太小了，用放大镜也看不到地下城的情况，所以需要将探照灯的角色变大一点。

使用之前学习过的方法来调整角色的大小，发现没有什么用，角色最大只能到 71，这是为什么呢？

其实在 Scratch 中，每个角色的大小都是有上限和下限的，此时探照灯角色已经铺满整个屏幕，所以这个角色最大就是 71，这可怎么办呢？接下来使用一个小技巧。打开造型发现，探照灯的角色里有两个造型，如图 2.107 所示，造型 1 是黑色背景中间有一个透明的小圆孔，造型 2 是一个空白造型。

图2.106

图2.107

（2）将角色切换为造型 2，在造型 2 的状态下将角色的大小设为 500，再换成造型 1，如图 2.108 所示，这样探照灯的大小就成功设置为 500 了，如图 2.109 所示。

图2.108

图2.109

为什么会这样呢？这是因为造型 2 是一个空白造型，也就是一个很小的造型，对于很小的造型，在 Scratch 中可以放大，将很小的造型放大后再切换为大造型，那么大造型也就被放大了。

（3）使用表 2.31 所示的积木指令，将探照灯移到小猫的位置，让它始终跟着小猫移动，如图 2.110 所示。

表 2.31

指令名称	指令用途
移到 随机位置 ▼ 【运动 - 移到（随机位置）】	可将角色移动到任意位置，如鼠标指针位置和其他角色位置

（4）将两段程序连接起来，就组成了完整的探照灯程序，如图 2.111 所示。

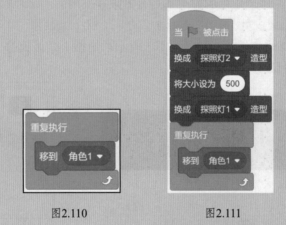

图2.110　　　　　　　图2.111

2 小猫的程序

（1）设置小猫的初始位置和图层，如图 2.112 所示。

（2）小猫移动。

①当小猫被点击后始终跟随鼠标移动，直到通过地下城到达出口后成功过关，如图 2.113 所示。

②在地下城里移动是很危险的，如果碰到地下城墙壁或者陷阱就意味着闯关失败了。仔细观察就会发现，墙壁火焰和地火陷阱的颜色是一样的，雷电陷阱和飞轮陷阱的颜色也是一样的。可以使用表 2.32 所示的积木指令来判断是否碰到了某个颜色，如果碰到该颜色就可以判定为碰到墙壁或者陷阱，如图 2.114 所示。

③设置碰到的颜色，单击积木指令里的颜色，如图2.115所示。再单击最下方的吸管工具，接着将鼠标移动到舞台上，找到要吸取的颜色后，单击就可以了，如图2.116所示。

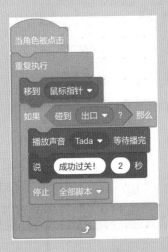

图2.112　　　　　　　　　　　图2.113

表 2.32

指令名称	指令用途
碰到颜色（ ）？ 【侦测 - 碰到颜色（）？】	如果角色碰到设定的颜色就返回"真"值

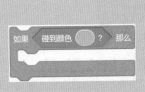

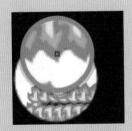

图2.114　　　　　　　　图2.115　　　　　　　图2.116

如果碰到了火焰的颜色，就说明碰到了墙壁或地火，这时闯关失败，小猫会回到初始位置重新开始，如图2.117所示。

如果碰到了陷阱的颜色，就说明碰到了陷阱，这时闯关也会失败，小猫还是会回到初始位置重新开始，如图 2.118 所示。

图2.117   图2.118

④这两个程序除了碰到的颜色不同之外，其余的全部相同，可以使用表 2.33 所示的积木指令，将两个条件合并为一个条件，如图 2.119 所示。

表 2.33

指令名称	指令用途
【运算-（）或（）】	两边的条件同时不成立，则结果为"假"，否则为"真"，一个条件成立，一个条件不成立也为"真"

⑤碰到火焰的颜色或者陷阱的颜色都会失败，所以在这里使用逻辑运算符"……或……"就可以将两个程序合并成一个程序了。失败的条件和成功的条件是相互独立的，所以将它们并列摆放就可以了，最终小猫完整的程序如图 2.120 所示。

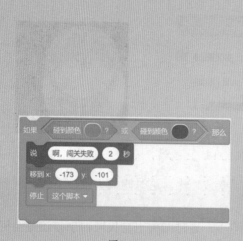

图2.119   图2.120

3 雷电角色程序

（1）初始化雷电角色的位置和图层，如图 2.121 所示。

（2）实现间歇性通电的程序效果，既然是间歇性通电，也就说明雷电大部分时间保持关闭的状态，偶尔通几次电。打开雷电角色的造型发现，造型 3 是雷电关闭的状态，如图 2.122 所示，那么现在只需要重复换成造型 3，就可以实现关闭雷电的程序效果了，如图 2.123 所示。

图2.121   图2.122   图2.123

（3）每过 1 秒，让造型 1 和造型 2 在极短的时间里连续切换 10 次，这样就可以产生放电的程序效果了，如图 2.124 所示。

（4）加上放电音效，雷电角色的程序就编写完成了，如图 2.125 所示。

4 地火角色程序

地火角色里共有两个造型，一个是地火造型，另一个是空白造型，如图 2.126 所示。现在只需要让两个造型定时切换就可以实现程序效果了，如图 2.127 所示。

图2.124   图2.125

图2.126

图2.127

5 飞轮角色程序

飞轮向着一个方向一直转动就可以了，将转动的参数改小一点，以降低通关的难度，如图2.128所示。

图2.128

6 出口角色程序

出口角色本身是没有程序效果的，直接给其设置一个固定位置和图层就可以了，如图2.129所示。

图2.129

7 背景音乐

前景音乐程序如图2.130所示。

至此，一个有趣的冒险游戏就编写完成了，一定要记得保存哦！

图2.130

练一练

1. 下列哪个选项结果为真？【答案：A】

    A.

    B. (20 > 50 或 60 < 50)

2. 小猫的程序如图所示，积木块的颜色与球的颜色一致。点击绿旗执行程序后，下列说法正确的是？【答案：B】

A. 小猫会碰到球，然后停止。

B. 小猫一直在左右移动，嘴里一直说着"别跑！"。

举一反三"穿越沙漠"

扫一扫，看视频

要求：

1. 上传舞台背景：沙漠公路。

2. 上传角色：汽车。

3. 绘制角色：油污，并放置在公路的任意位置。

4. 程序开始运行时，计时同时开始，汽车从左下角出发自动行驶，通过上、下、左、右按键控制汽车方向。如果碰到沙漠，则汽车被撞毁；如果碰到油污，则汽车边打滑边移动几次后继续行驶，直到行驶到右上角的公路出口处，并说出行驶所用的时间后停止全部脚本。

案例21　神秘的花园

这是一个神秘的花园，在这个花园里只有花盆没有花，但是当点击绿旗时就会出现一朵盛开的花。图 2.131 为案例 21 的程序效果图。

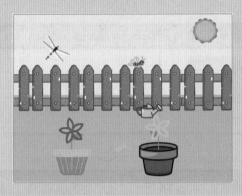

图2.131

准备工作

1. 删除默认的小猫角色。

2. 上传舞台背景：秘密花园。

3. 绘制角色：花蕊，如图 2.132 所示。

4. 添加角色：Dragonfly、Sun 等其他角色装饰花园。

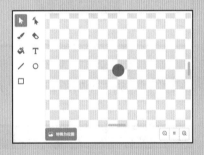

图2.132

功能实现

在花柄的上方画一朵 5 个花瓣的花朵。

亲自出"码"

花蕊程序

（1）现实生活中要想画画，得准备纸和笔，在 Scratch 中，舞台背景就相当于纸，那么画笔该如何添加呢？

跟之前学习过的添加音乐积木模块是一样的，画笔也是扩展积木模块，所以需要在扩展里添加。单击编程软件界面左下角的添加扩展图标 ，然后单击选择画笔，这样画笔积木指令就添加进来了。

（2）开始做画画前的准备工作。使用表 2.34 所示的抬笔积木指令，将笔从纸上拿开，再使用表 2.35 所示的积木指令，得到一张干净的纸。

表 2.34

指令名称	指令用途
【画笔 - 抬笔、落笔】	抬笔：设置角色停止绘画。 落笔：设置角色开始绘画

表 2.35

指令名称	指令用途
【画笔 - 全部擦除】	将舞台上用画笔程序画出来的图案全部清除

（3）使用表 2.36 和表 2.37 所示的积木指令，得到一支红色、粗细为 3 的画笔，这样准备工作就完成了，如图 2.133 所示。

表 2.36

指令名称	指令用途
【画笔 - 将笔的粗细设为（）】	设定画笔大小，数字越大画出来的线条越粗

表 2.37

指令名称	指令用途
【画笔 - 将笔的颜色设为（）】	按照选定的颜色来设置画笔的颜色

（4）将笔移动到花柄的上方位置，然后使用表 2.34 所示的落笔积木指令，将笔放到纸上，并面向一个方向开始画画，如图 2.134 所示。

图2.133　　　　　　　　　　　　图2.134

（5）画出一个最小单位，就是一个花瓣的一半。通常花瓣都是对称的，所以画出一半后转个方向再重复画一次就是一个完整的花瓣了。一个花瓣的一半，可以明显看出是一个弧线，如图 2.135 所示。

（6）跟在纸上画弧线一样，只需要连续不断地边移动边转弯就能画出一条弧线，如图 2.136 所示。

图2.135　　　　　　　　　　　　图2.136

（7）原本花蕊面向的是 90 度开始画画，然后连续转了 10 次，每次向右转动 9 度，也就是一共向右转动了 90 度，那么花蕊现在面向的方向就是 180 度了，也就是面向下方。接下来要画另一半花瓣，这次需要向右开始连续不断地边移动边向右转。向右也就是 –90，从 180 变成 –90 就需要向右转动 90 度，如图 2.137 所示。

　　仔细观察会发现，画出一个完整的花瓣用到了两个一模一样的程序，那么能不能"合并同类项"呢？当然可以，使用前面学习过的循环结构就能简化程序，如图 2.138 所示。

　　按照程序顺序，先画出花瓣的一半，然后右转 90 度，接着再循环 1 次画出另一半花瓣，右转 90 度。这样一个完整的花瓣就画完了。

图2.137

图2.138

 小提示：

在画复杂图形时，可以先找出最小的绘画单位，接着找出规律，然后不断地重复就可以了。

学到了这个非常实用的小技巧之后，接下来想想该如何绘制剩余的4片花瓣呢？对了，所有的花瓣都是围绕着花蕊均匀排列的，花蕊是圆形的，也就是说5个花瓣围绕着圆形均匀地排列了一圈。既然是圆形，那么一圈就是360度，也说明画一个花瓣需要每个转72度，连续重复5次就可以让花瓣均匀地排列一圈了，如图2.139所示。

画完一朵花之后，别忘了"抬笔"停止绘画哦。

最后将图2.133、图2.134和图2.139所示的程序连接起来，这样绘制花朵的程序就编写完成了，如图2.140所示。

还可以尝试换一个画笔颜色，把第二盆花也画出来。

图2.139

图2.140

练一练

1.运行下列程序，画出的图形是？【答案：B】

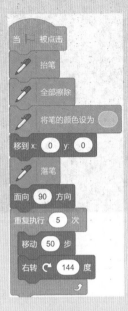

A. 五边形   B. 五角星

2.实现下图所示渐变色的效果，可以使用画笔里的哪个指令？【答案：A】

A. 将笔的 颜色 ▼ 增加 10   B. 将笔的 颜色 ▼ 设为 50

举一反三 "漫天繁星"

扫一扫，看视频

要求：

1. 添加或者绘制一个夜晚背景。

2. 绘制角色：画笔。

3. 至少画出 10 颗五角星，并且每颗五角星出现的位置不同。

4. 星空里除了星星，不可以出现其他画笔痕迹。

扫一扫，看视频

大龙来到了一个神秘的迷宫，传闻迷宫深处埋藏着两个箱子，一个箱子装满了金币，另一个箱子装满炸弹。如果找到装满金币的箱子，则会获得很多的财富。如果找到装满炸弹的箱子，则只能自求多福了。图 2.141 为案例 22 的程序效果图。

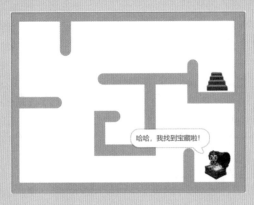

图2.141

准备工作

1. 删除默认的小猫角色。
2. 上传舞台背景：迷宫 1 层和迷宫 2 层。
3. 上传角色：大龙、炸弹箱子、金币箱子、楼梯，并将角色调整至合适的大小后，摆放到迷宫 1 层（图 2.142）和迷宫 2 层（图 2.143）所示的位置。

图2.142

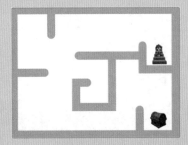

图2.143

功能实现

1. 点击绿旗后，大龙出现在迷宫 1 层左上角的位置，走楼梯可以进入迷宫 2 层。

2. 用上、下、左、右键控制大龙移动，在移动的过程中，角色的造型要和面向的方向一致，并且不能穿过墙壁。

3. 如果找到炸弹箱子角色会被炸黑，如果找到金币箱子就说"哈哈，找到宝藏啦！"。

亲自出"码"

1 背景程序

大龙首先出现在迷宫 1 层，当程序开始运行时，需要将背景初始化为迷宫 1 层，如图 2.144 所示。

图2.144

2 宝箱程序

（1）为了让游戏效果更加有趣，需要设计箱子的位置，使用表 2.38 所示的显示积木指令，将炸弹箱子安排在迷宫的第 1 层显示，如图 2.145 所示。等到大龙进入迷宫第 2 层时，就需要使用表 2.38 所示的隐藏积木指令，将炸弹箱子隐藏，如图 2.146 所示。

表 2.38

指令名称	指令用途
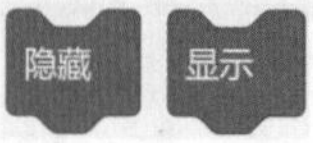 隐藏　显示 【外观 - 隐藏、显示】	设置角色在舞台上显示（看见）或隐藏（看不见）。通常显示和隐藏是成对使用的

图2.145

图2.146

金币箱子正好和炸弹箱子相反，金币箱子在迷宫第 1 层隐藏，如图 2.147 所示，在第二层才会显示，如图 2.148 所示。

图2.147

图2.148

（2）在迷宫里有两个箱子，在没有碰到箱子之前，谁也不知道这是什么箱子。因此，两个箱子在碰到大龙之前是保持关闭的样子，在碰到之后才会打开。根据前面所学习过的编程知识，可以使用"重复执行直到"循环来实现该程序效果，如图2.149和图2.150所示。

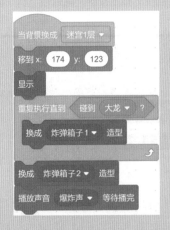

图2.149

图2.150

③ 楼梯程序

楼梯在迷宫1层和迷宫2层的位置是不一样的，并且在1层的时候，大龙可以通过楼梯进入2层。那么如何才能进入2层呢？其实很简单，换成背景2就可以了，如图2.151所示。

图2.151

157

4 大龙的程序

（1）大龙移动。

①在之前的案例中，使用事件"当按下（）键"积木指令来控制角色移动。本案例中还可以使用表2.39所示的积木指令来设置按键。

表 2.39

指令名称	指令用途
 按下 空格 ▼ 键？ 【侦测 - 按下（空格）键？】	如果从键盘按下指定按键，就返回"真"值

②看到图2.152所示形状的积木指令，就知道它一定和条件判断有关系，所以要把它放到条件判断的积木里。

图2.152

③如果按下（↑）键那么角色就需要向上移动，根据之前所学习的编程知识，首先需要给角色设置一个方向积木指令，再加上移动积木指令实现向上移动的程序效果。那么有没有更简单的方法呢？当然有，可以使用表2.40所示的积木指令，通过增减y坐标的方式来实现角色移动的程序效果。

表 2.40

指令名称	指令用途
 将y坐标增加 10 【运动 - 将y坐标增加（）】	增加角色的y轴坐标（正数是增加，负数是减少）

在平面直角坐标系中，y坐标轴向上是增加，向下是减少，所以y坐标增加的参数是正数时，就可以让角色向上移动了，图2.153所示。

④条件判断，千万别忘了重复执行，如图2.154所示。

图2.153　　　　　　　　　　　　　　　　　图2.154

⑤编写禁止穿墙的程序。大家可以站起来，走到一面墙的面前，紧紧地贴墙站立，然后向着墙的方向走一步。这时发现是走不过去的，并且向前走的一步又退回到原地了，根据这个思路就可以很轻松地编写禁止穿墙的程序了。

仔细观察就能发现，所有迷宫的墙都是一个颜色，那么碰到这个颜色就相当于碰到了墙，在行走的过程中如果碰到了墙的颜色，就需要后退到原地，这时前进和后退的参数是一样的，如图2.155所示。

在这里一定要注意两个"如果……那么……"的位置，在向上移动的过程中，如果碰到了墙壁，则退回到原地。所以向上移动是碰到墙壁退回的前提条件，那么碰到墙壁退回这个条件就被嵌套在向上移动的里面了。

图2.155

⑥大龙向上移动的程序就编写完成了，接下来使用同样的方法编写向下移动的程序。上下方向相反，所以y坐标增加的参数值也正好相反。需要注意的是，向上移动和向下移动是独立的，没有谁是谁的前提条件，所以并列摆放就可以了，并且顺序不影响程序效果，如图2.156所示。

⑦使用表2.41所示的积木指令，用相同的方法继续编写左右移动的程序。

表2.41

指令名称	指令用途
将x坐标增加 10 【运动 - 将 x 坐标增加（10）】	增加角色的 x 轴坐标（正数是增加，负数是减少）

在平面直角坐标系中，x 坐标轴向右是增加，向左是减少，所以向右的参数就是正数，向左的参数就是负数，如图2.157所示。

⑧加上面向的方向和对应的造型，还有左右移动时还需要将旋转方式设为左右翻转，这样完整的移动程序就编写完成了，如图2.158所示。

图2.156

图2.157

图2.158

（2）大龙碰到宝箱。

①大龙在迷宫第 1 层碰到的是炸弹箱子，碰到之后就会被炸黑，过一会儿再恢复正常，炸弹只能炸一次，所以被炸之后就要停止图 2.159 所示的脚本。

②在迷宫第 2 层会碰到金币箱子，碰到后就会开心地说"哈哈，我找到宝藏啦！"这时冒险就结束了，所以要停止全部脚本，如图 2.160 所示。

图2.159

图2.160

至此，所有的程序就编写完了，一定记得保存哦。

练一练

1. 点击绿旗，执行下面程序，关于小鱼的运动描述正确的是？【答案：A】

A. 按下空格键小鱼往前游，松开空格键小鱼往后退

B. 按下空格键小鱼向上游，松开空格键小鱼就不动

2. 执行下面程序，角色的 y 坐标最终为？【答案：A】

A.50   B.–50

举一反三"大鱼吃小鱼"

扫一扫，看视频

要求：

1. 当按下上键或下键时，Shark2 可以上下移动。当按下左键或右键时，Shark2 可以左右移动。

2. 按下左键，Shark2 面向左；按下右键，Shark2 面向右。按下上键和下键，Shark2 的方向不变化。

3. 鲨鱼始终闭着嘴巴，当按下空格键时鲨鱼张大嘴巴。

4. 点击绿旗，Fish 出现在随机位置。

5. 当 Fish 碰到 Shark2 时，并且鲨鱼张大嘴巴时，Fish 会隐藏，表示被吃掉，3 秒后 Fish 会重新在随机位置出现。

扫一扫，看视频

笨笨是一位捕鱼小能手，今天他驾驶小帆船来到了大海上，准备进行一次捕鱼大挑战。他不断地撒网，最后捕捉了很多不同种类的鱼和螃蟹。图2.161为案例23的程序效果图。

图2.161

准备工作

1. 删除默认的小猫角色。

2. 上传舞台背景：海洋。

3. 添加角色：Fish 和 Crab，调整至合适的大小后，摆放到如图 2.161 所示的位置。

4. 上传角色：帆船、渔网，调整至合适的大小后，摆放到如图 2.161 所示的位置。

功能实现

1. 各种 Fish 在海里游来游去，碰到渔网就隐藏，过一会儿再显现。

2. 每次按下鼠标键，小船就把渔网发射到鼠标所在的位置，并且渔网由小变大，每按一次只能发射张渔网。

3. 左右键控制小船左右移动，但不可以移动到舞台外面。

亲自出"码"

1 Fish 和 Crab 的程序

（1）Fish 程序。这个程序很简单，只需要重复移动，并且碰到渔网就要隐藏，如图 2.162 所示。

（2）Crab 程序。Crab 的程序和 Fish 的程序基本一致，如图 2.163 所示。

图2.162

图2.163

2 小船的程序

小船在海面上只能左右移动，根据之前学过的编程知识，增减 x 坐标就可以实现这个效果，如图 2.164 所示。

图2.164

3 渔网的程序

（1）渔网在被发射出去之前，一定是放在帆船里的，也就是说渔网以很小的样子隐藏在帆船里，帆船移动到哪里，渔网就要跟到哪里，如图 2.165 所示。

图2.165

（2）使用表 2.42 所示的积木指令，按下鼠标键发射渔网。再使用表 2.43 所示的积木指令，让渔网滑行到鼠标所指的位置，如图 2.166 所示。

表 2.42

指令名称	指令用途
按下鼠标？ 【侦测 - 按下鼠标？】	如果按下鼠标按键，就返回"真"值

表 2.43

指令名称	指令用途
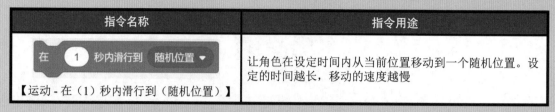 【运动 - 在（1）秒内滑行到（随机位置）】	让角色在设定时间内从当前位置移动到一个随机位置。设定的时间越长，移动的速度越慢

（3）将条件判断的程序放入重复执行中，如图 2.167 所示，测试程序效果。

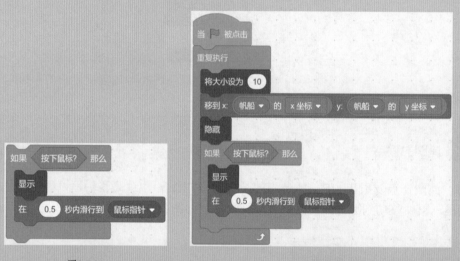

图2.166   图2.167

（4）按下鼠标后，渔网可以正常发射，并且能够滑行到鼠标指针所在的位置，程序效果是正确的。这时遇到了一个小问题，即按下鼠标后，渔网会连续发射，并没有实现一个一个发射的程序效果。

参照在现实生活中扔东西的过程，是先拿起东西，然后向外用力，等着松手后（没有拿着），东西就飞出去了。在程序效果里，也是这样的一个过程，按下鼠标就是拿起渔网，使用表 2.44 和表 2.45 所示的积木指令，等待按下鼠标的条件不成立，也就是松开鼠标的时候放开渔网，让渔网飞出去，如图 2.168 所示。

表 2.44

指令名称	指令用途
等待 【控制 - 等待（）】	在＜条件＞达成前一直等待

表 2.45

指令名称	指令用途
 【运算 -（）不成立】	将结果翻转（是变否，否变是）

（5）渔网移动到鼠标指针所指的位置后，张开大网开始捕鱼，如图 2.169 所示。

图2.168　　　　　图2.169

（6）加上有趣的音效，渔网的程序就编写完成了，如图 2.170 所示。

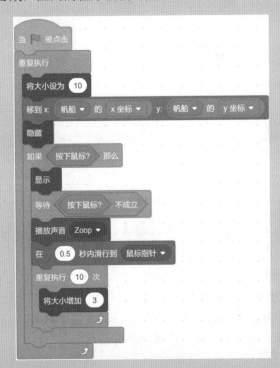

图2.170

至此，所有的程序就编写完了，一定要记得保存哦。

练一练

1. 下列哪个程序可以实现角色碰到鼠标后说"你好！"？【答案：B】

 A.

 B.

2. 下列哪个选项的运算结果是 true？【答案：A】

 A.

 B.

 举一反三 "动物弹球"

扫一扫，看视频

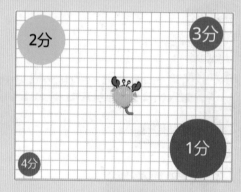

要求：

1. 添加任意舞台背景，然后在 4 个角分别绘制不同颜色和大小的圆形图案，并且在圆形图案上标注出分数，图案越大，分数越低。

2. 至少添加 2 个动物角色。

3. 分别按下不同的按键，将动物发射出去，随机移动到任意位置，如果碰到得分圆，就说出所得分数，如果没有碰到得分，圆就说"啊哦，0 分"。

4. 每一轮，每位玩家只能按一次，看谁的得分最高。

扫一扫，看视频

雷达也被称为"无线电定位"，它是利用电磁波探测目标的电子设备，雷达可以发现目标并测定它们的空间位置。图 2.171 为案例 24 的程序效果图。

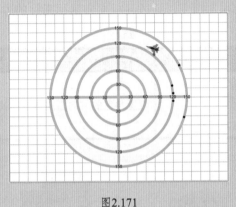

图2.171

准备工作

1. 删除默认的小猫角色。
2. 上传舞台背景：雷达。
3. 上传角色：战斗机，将角色调整至 50 后，摆放到舞台右下角的位置。
4. 绘制角色：探测器（一个小点），如图 2.172 所示。

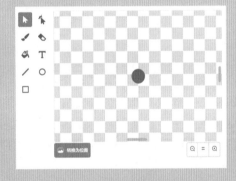

图2.172

功能实现

1. 战斗机被鼠标点击后跟随鼠标指针缓慢移动，并且面向的方向跟鼠标指针方向保持一致。
2. 当战斗机飞入探测器的探测范围内时，探测器开始报警，并且标注出飞机的飞行轨迹。

亲自出"码"

1 战斗机程序

（1）设置战斗机的初始位置和方向，如图 2.173 所示。

（2）战斗机移动。

①使用表 2.46 所示的积木指令，让战斗机面向鼠标指针的方向移动，如图 2.174 所示。

表 2.46

指令名称	指令用途
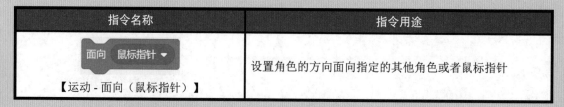 【运动 - 面向（鼠标指针）】	设置角色的方向面向指定的其他角色或者鼠标指针

图2.173

图2.174

②测试程序后发现了一个小问题，那就是战斗机停下来时会在原地打转。这是由于角色中心点和鼠标指针并不是完全重合的，鼠标停止移动的时候，角色还在调整方向移动，这样就产生了抖动效果。那么这个问题该如何解决呢？很简单，当鼠标停止移动时，让角色也停止就可以了，如图 2.175 和图 2.176 所示。

图2.175

图2.176

小提示：

随着编程知识越学越多，同一个问题可以采用多个解决办法，只需要选一个简单有效的方法就可以了。

2 探测器程序

（1）绘制轨迹。

①使用画笔积木指令绘制飞行轨迹，所以需要初始化。先擦除全部绘画痕迹，再设置画笔的属性和位置，如图 2.177 所示。

②判断探测器到战斗机的距离是否小于探测器到雷达最外圈的距离，如果小于则说明战斗机进入了探测器的预警范围，如图 2.178 所示。

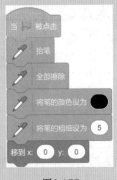

图2.177

图2.178

③使用表 2.47 所示的积木指令，获得探测器到战斗机的最远距离（用鼠标单击积木指令），再使用表 2.48 所示的积木指令，组成探测器预警的条件，如图 2.179 所示。

表 2.47

指令名称	指令用途
到 鼠标指针 ▾ 的距离 【侦测 - 到（鼠标指针）的距离】	判断当前角色到其他角色或鼠标指针之间的距离，得到的是数值

表2.48

指令名称	指令用途
【运算-（）<（50）】	判断左边是否小于右边

④如果探测器到战斗机的距离小于150，则需要启动雷达预警。探测器需要面向战斗机移动，在移动的过程中，如果碰到战斗机需要落笔绘制轨迹，绘制完成后要立刻抬笔，然后回到中心点位置准备绘制下一次的轨迹，如图2.180所示。

图2.179   图2.180

为什么不直接移动150步，而是重复执行5次，每次移动30步呢？这是因为移动的距离相当于从一个点到达另一个点，没有中间过程，就像走一大步跨过障碍物一样。如果直接移动150步，则只能绘制出探测器最远处的轨迹，150以内的距离都是无法绘制的。因此，需要一段一段地移动，一小步一小步地走，这样才能绘制出完整的移动轨迹。那么可不可以将移动步数改小一点，重复的次数改多一点，如每次移动10步，重复15次。答案是可以的，并且绘制的精度会更高，但是存在个小缺陷，那就是速度太慢了，探测器还没移动过来，飞机就飞走了。

⑤在判断程序的外面加上重复执行，探测器绘制轨迹的程序就编写完成了，如图2.181所示。

（2）播放报警声。与绘制轨迹的条件一样，需要在探测器到战斗机的距离小于150时开始报警，否则就停止报警，如图2.182所示。

图2.181

图2.182

至此，所有的程序就编写完成了，一定别忘了保存哦。

练一练

1. 小猫想和棕熊打招呼，初始位置如下图所示，两个角色之间的直线距离为300，下列程序不能让小猫走到棕熊面前的是？【答案：A】

A.

B.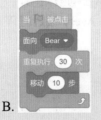

2. 执行下图所示的程序，得到的结果是？【答案：A】

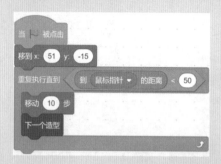

A. 重复执行移动，然后切换到下一个造型，如果到鼠标指针的距离小于 50 就停止

B. 重复执行移动，如果到鼠标指针的距离小于 50 就停止，然后切换到下一个造型

举一反三"遵守交通规则"

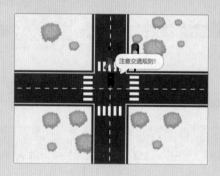

扫一扫，看视频

要求：

1. 添加十字路口背景。

2. 添加汽车角色和 Avery Walking 角色。

3. Avery 在人行横道上闯红灯从左向右走动。

4. 汽车从下向上行驶，在距离 Avery 很近时停下来但不可以撞到人，并说"注意交通规则！"

案例25　综合案例——垃圾分类

垃圾有着重新利用的价值，将垃圾分类，这些垃圾就会变废为宝，所以保护环境，绿色低碳，要从正确的垃圾分类做起。图 2.183 为项目 25 的程序效果图。

图2.183

准备工作

1. 删除默认的小猫角色。

2. 上传舞台背景：公园。

3. 上传角色：厨余垃圾、可回收垃圾、有害垃圾、其他垃圾、药品、纸巾、书本、筷子、面包、塑料瓶、电池、香蕉皮，将这些角色调整至合适的大小后，摆放到图 2.183 所示的位置。

功能实现

1. 每个垃圾桶都在连续说"投我！"。

2. 每个垃圾在全屏状态下可以被拖动，如果放入正确的垃圾桶，响起提示音后隐藏，否则移动到原来的位置。

亲自出"码"

1 垃圾桶程序

给垃圾桶设定一个固定位置，然后连续说话就可以了，如图 2.184 所示。

剩余 3 个垃圾桶的程序也是这样的，可以自己尝试编写。

2 垃圾程序

图2.184

（1）以面包角色为例，先初始化垃圾的位置和显示状态，并将角色设置为"可拖动"，如图 2.185 所示。

（2）判断正确投放垃圾的条件，就像现实生活中扔垃圾一样，扔到垃圾桶里，是判断垃圾是否扔对的前提条件。如果没有扔进垃圾桶，则无法判断是否扔得正确，所以在程序里需要判断垃圾是否投放到了垃圾桶里（是否碰到垃圾桶），如图 2.186 所示。

图2.185

图2.186

（3）判断垃圾是否投放正确，如果投放正确，则播放提示音并且隐藏，否则滑行回到初始位置，如图 2.187 所示。

图2.187

（4）给判断条件加上重复执行，面包垃圾的程序就编写完成了，如图 2.188 所示。

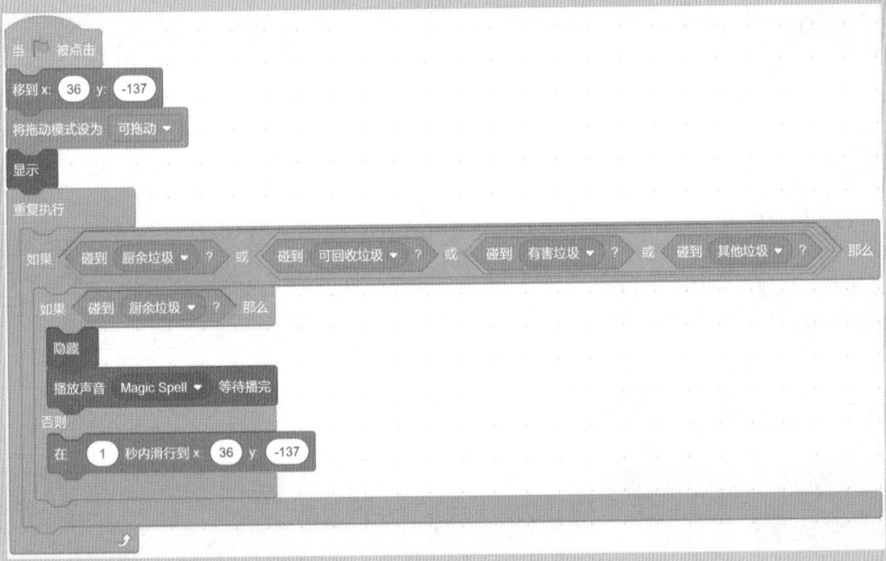

图2.188

剩余 7 个垃圾的程序和面包垃圾的程序基本一样，可以自己尝试编写完成。

香蕉皮的参考程序如图 2.189 所示。

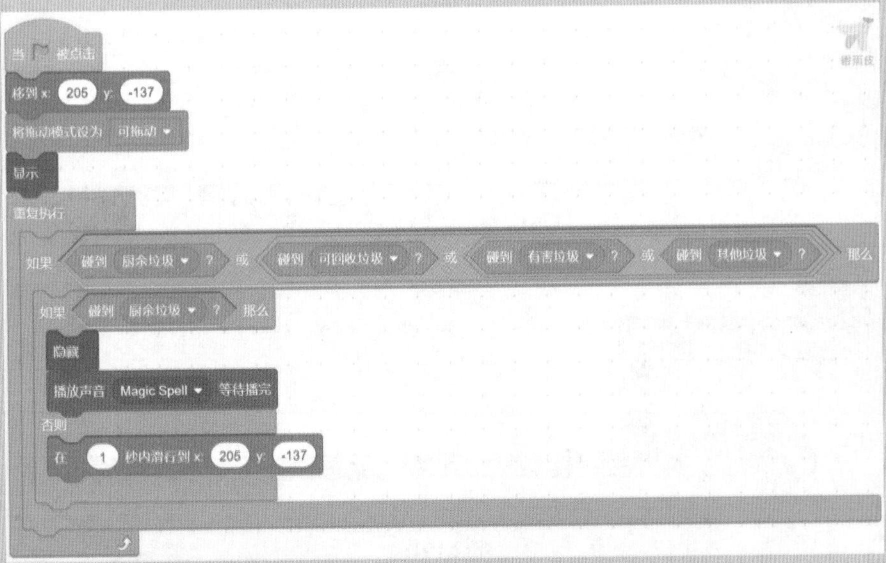

图2.189

书本的参考程序如图 2.190 所示。

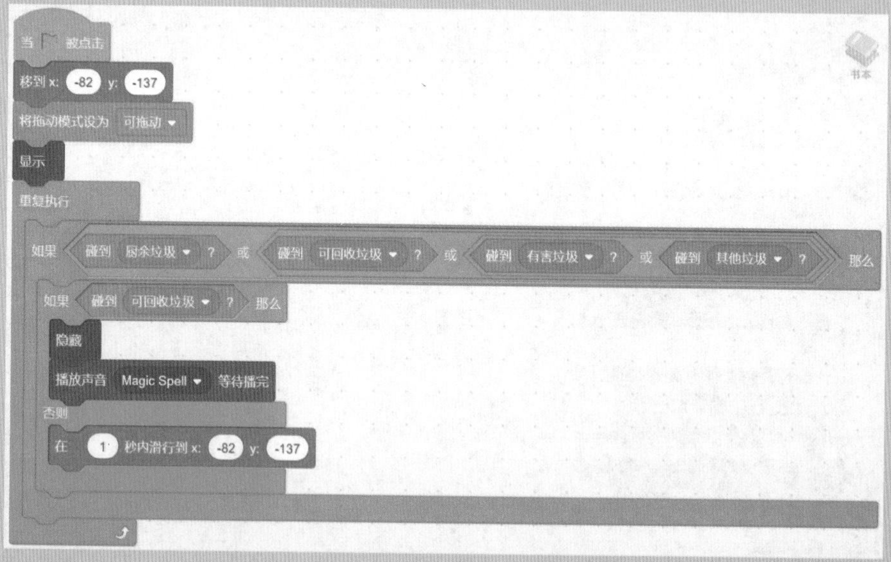

图2.190

塑料瓶的参考程序如图 2.191 所示。

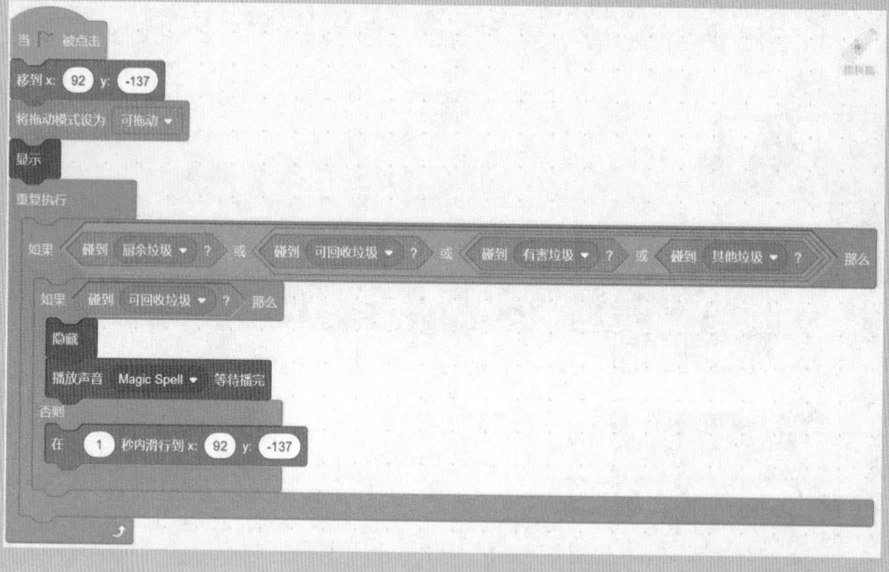

图2.191

药品的参考程序如图 2.192 所示。

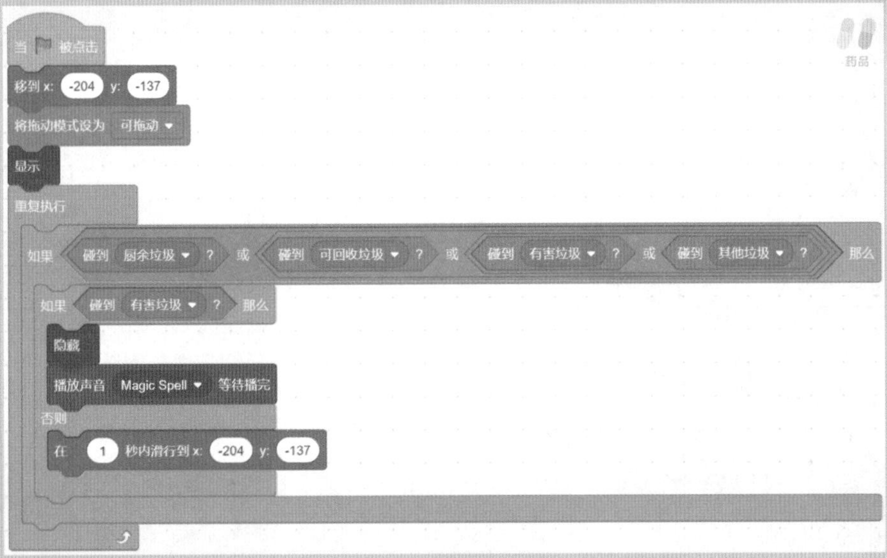

图2.192

电池的参考程序如图 2.193 所示。

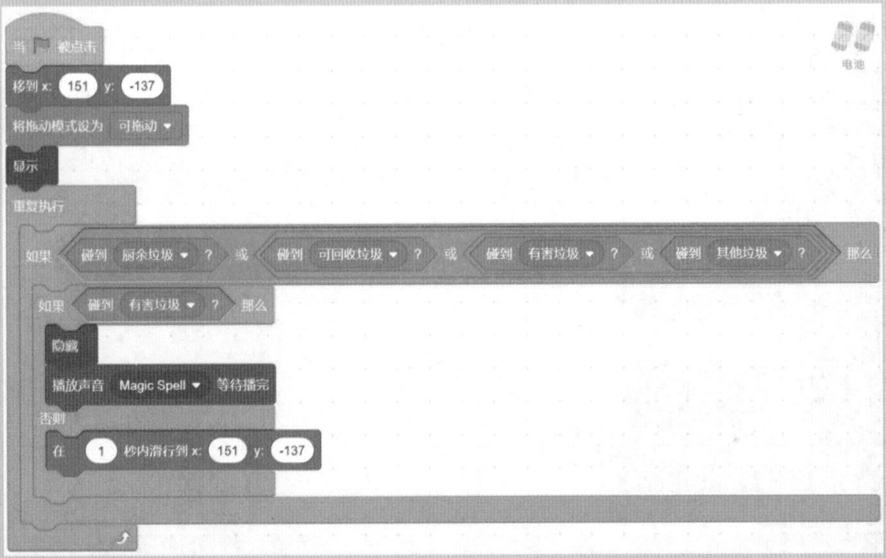

图2.193

筷子的参考程序如图 2.194 所示。

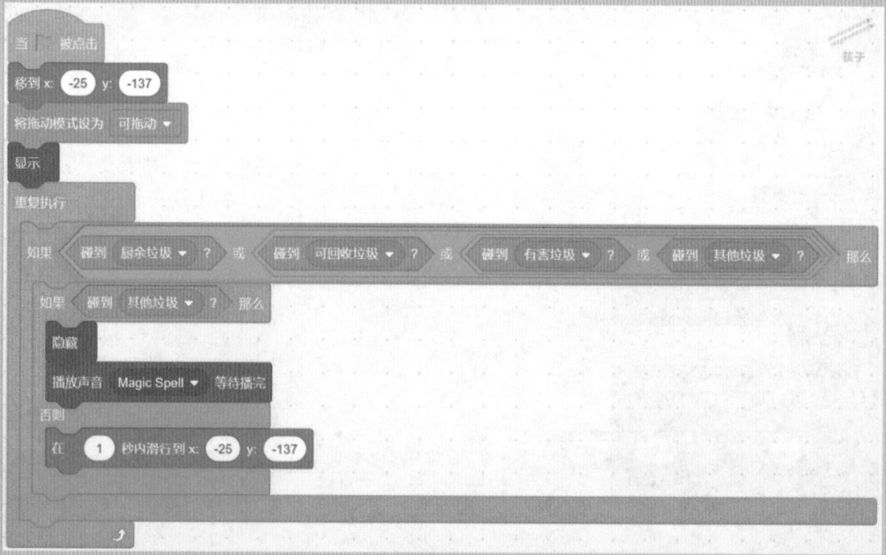

当 ▶ 被点击
移到 x: -25 y: -137
将拖动模式设为 可拖动 ▾
显示
重复执行
  如果 碰到 厨余垃圾 ▾ ? 或 碰到 可回收垃圾 ▾ ? 或 碰到 有害垃圾 ▾ ? 或 碰到 其他垃圾 ▾ ? 那么
    如果 碰到 其他垃圾 ▾ ? 那么
      隐藏
      播放声音 Magic Spell ▾ 等待播完
    否则
      在 1 秒内滑行到 x: -25 y: -137

图2.194

纸巾的参考程序如图 2.195 所示。

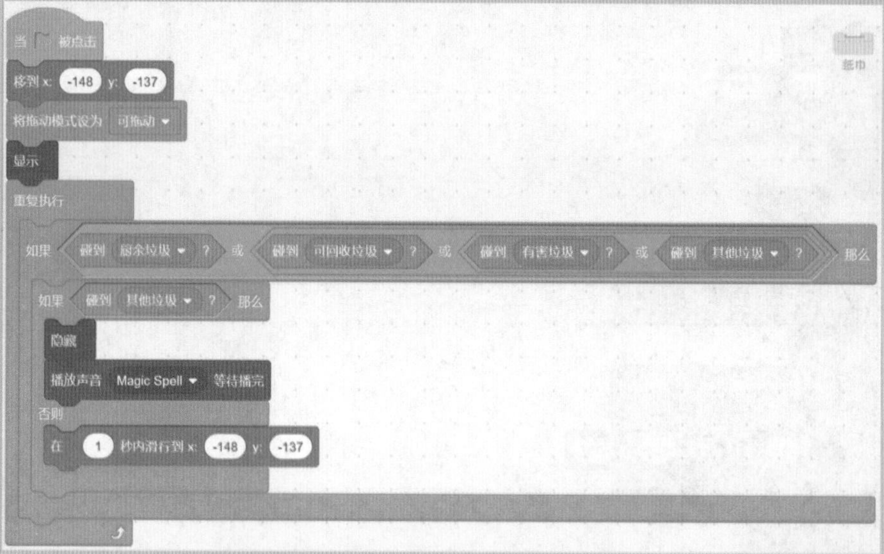

当 ▶ 被点击
移到 x: -148 y: -137
将拖动模式设为 可拖动 ▾
显示
重复执行
  如果 碰到 厨余垃圾 ▾ ? 或 碰到 可回收垃圾 ▾ ? 或 碰到 有害垃圾 ▾ ? 或 碰到 其他垃圾 ▾ ? 那么
    如果 碰到 其他垃圾 ▾ ? 那么
      隐藏
      播放声音 Magic Spell ▾ 等待播完
    否则
      在 1 秒内滑行到 x: -148 y: -137

图2.195

扫一扫，看视频

超级英雄奥特猫是地球的守护者，它可以上天入地，还能发射能量球消灭外星怪兽。图 2.196 为项目 26 的程序效果图。

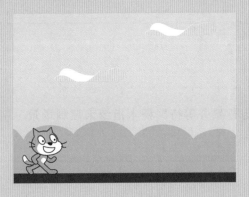

图2.196

准备工作

1. 保留默认的小猫角色，并添加造型 Cat Flying-a 和 Cat Flying-b，如图 2.197 所示。

2. 添加舞台背景：Blue Sky、Blue Sky2 和 Colorful City。

3. 添加角色：Clouds 和 Dinosaur5。

4. 绘制角色：能量弹，如图 2.198 所示。

图2.197

图2.198

功能实现

1. 场景 1：蓝天白云，奥特猫出来散步玩耍，突然感受到了怪物入侵，并迅速飞上天空。

2. 场景 2：奥特猫在天空中飞行，云朵在身边快速移动。

3. 场景 3：奥特猫到达城市后缓缓落到地面，看到了正在张牙舞爪的恐龙怪兽，然后用"能量弹"消灭了恐龙怪兽。

亲自出"码"

1 背景程序

通过使用"换成指定背景并等待"积木指令来控制场景的进程，如图 2.199 所示。

图2.199

2 奥特猫的程序

（1）场景 1。

①在场景 1 里共有 3 段程序效果，即出场、散步行走和变身飞行。给奥特猫设定一个初始的位置、方向和造型，再说几句话，这样就组成了出场程序，如图 2.200 所示。

②由于奥特猫在散步的过程中，突然发现了怪兽，所以需要奥特猫走一段距离后，就要停止下来，如图 2.201 所示。

图2.200

图2.201

③在奥特猫变身以后，将奥特猫移动到舞台右上角的位置，并使用"滑行"积木指令，让奥特猫飞上天空，如图 2.202 所示。

④将 3 段程序由上到下连接起来，奥特猫在场景 1 里的程序就编写完成了，如图 2.203 所示。

图2.202

图2.203

（2）场景2。飞上天空之后，奥特猫换成水平飞行的造型，并在舞台的中心位置飞行5秒后，开始向前飞行直到到达舞台右边缘，如图2.204所示。

（3）场景3。从舞台左上角的天空位置慢慢向右飞行进入城市上空，再换成站立的造型，帅气地从天空降落到地面上，如图2.205所示。

图2.204

图2.205

奥特猫在 3 个不同场景下的程序就全部编写完成了。

3 云朵程序

（1）场景 1。场景 1 里的云朵程序很简单，即在空中连续切换造型，直到奥特猫飞入天空，如图 2.206 所示。

在跳出循环的条件中，数值 165 和图 2.202 所示的程序中 y 坐标的数值是一样的，也就是奥特猫飞入天空时的 y 坐标值。

（2）场景 2。场景 2 里的云朵需要不断地从右向左移动，从奥特猫的身边飘过，才能出现奥特猫快速飞行的程序效果。此时需要先设定一个云朵在右边缘的始发位置，然后连续不断地向左移动到左边缘位置后停止，将这个过程不断重复，直到奥特猫飞到右边缘为止，如图 2.207 所示。

图2.206

图2.207

（3）场景 3。场景 3 是城市，可以直接将云朵隐藏，如图 2.208 所示。

第二个云朵的程序和第一个云朵基本一致，在编写时，可以直接复制一个云朵角色，修改下位置。

图2.208

4 恐龙程序

（1）场景 1 和场景 2。外星怪兽在场景 1 和场景 2 里是看不到的，所以初始化将它设置到一个固定位置后隐藏，如图 2.209 所示。

（2）场景 3。

①在场景 3 时外星怪兽就需要显示出来了，并且在奥特猫落地之前一直"张牙舞爪"地晃动。在步骤（2）中，奥特猫的

图2.209

程序已经编写完了，那么就得到了奥特猫最终下落到地面的 y 坐标数值。这时外星怪兽只需要重复切换造型，直到奥特猫的 y 坐标等于落到地面时的坐标数值就可以了，如图 2.210 所示。

小提示：

大家在编写程序的过程中，奥特猫的位置可能会有差异，所以最终奥特猫落地时 y 坐标数值也会有差异，请根据自己编写的程序填写实际的 y 坐标数值。

②外星怪兽停止"张牙舞爪"后和奥特猫有一个对话，奥特猫说话时长为 2 秒，所以外星怪兽需要等待 3 秒再说话，如图 2.211 所示。

图2.210

图2.211

③说完之后外星怪兽继续"张牙舞爪"直到被能量弹击中后发表失败感言，最后消失离开，动画结束，停止全部脚本，如图 2.212 所示。

④将外星怪兽的 3 段程序由上到下连接起来，外星怪兽程序就编写完成了，如图 2.213 所示。

5 能量弹程序

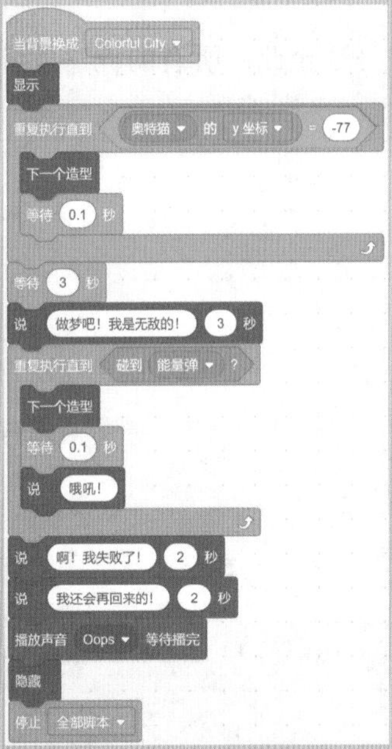

（1）隐藏能量弹。能量弹在场景 1 和场景 2 里是看不到的，并且也不能发射，所以需要初始化将它隐藏，如

图2.212

图2.213

图 2.214 所示。

（2）发射能量弹。在场景 3 中，可以通过单击鼠标发射一颗能量弹，并且能量弹可以移动到鼠标指针所在的位置，如图 2.215 所示。

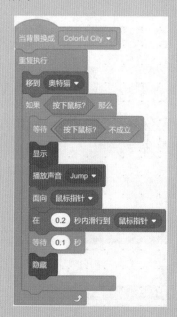

图2.214   图2.215

至此，所有的程序就编写完成了，一定别忘了保存哦。

扫一扫，看视频

综合练习3 **绘制图形**

程序效果如图 2.216 所示。

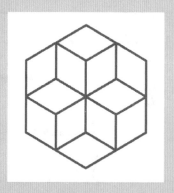

图2.216

1 准备工作

（1）保留默认的小猫角色并隐藏。

（2）添加任意纯色舞台背景。

2 功能实现

（1）小猫的初始位置为（x:0,y:0）。

（2）线条粗细为 5，颜色为可以看到的任意颜色。

（3）画出如图 2.216 所示的图形，其是由边长为 60 的正六边形旋转得到。

综合练习4　　**小猫偷鱼**

程序效果如图 2.217 所示。

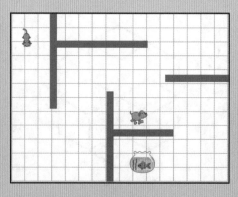

图2.217

1 准备工作

（1）绘制舞台背景：在 Xy-grid-30px 背景里绘制图 2.217 所示的迷宫。

（2）添加角色：Cat2、Dog2、Fishbowl。

2 功能实现

（1）Cat2、Dog2 和 Fishbowl 的初始位置和方向如图 2.217 所示，调整 Cat2 的大小为 30，Dog2 的大小为 30，Fishbowl 的大小为 100。

（2）利用键盘的上、下、左、右键分别控制 Cat2 面向 4 个方向移动。注意，按下不同的键，方向也随之调整。

（3）Dog2 在坐标（x:22,y:-40）和（x:222,y:-40）之间左右移动，移动时角色方向也随之调整。

（4）Cat2 在移动过程中碰到红色的墙，回到初始位置。

（5）Cat2 碰到 Dog2 说"啊哦，失败了！"2 秒后停止全部脚本。Cat2 碰到 Fishbowl 说"哈哈，吃鱼了！"2 秒后停止全部脚本。

第3章

👍 **本章学习任务：**

- 能够生成克隆体，并灵活控制克隆体。
- 能够产生一个随机数，并用随机数控制生成不同的程序效果。
- 能够建立不同作用域的变量，删除变量，修改变量名，以及设定、增减变量值，在舞台区显示或隐藏变量。
- 能够通过变量的变化让程序跳转到不同的部分。
- 能够区分广播和广播并等待的事件使用条件，并能用广播来传递数据，实现不同角色之间的交互效果。
- 能够新建列表，并在列表中插入和删除数据。
- 能够完成字符串处理。
- 能够创建有返回值的函数。
- 掌握循环语句、选择语句嵌套的综合运用方法。
- 掌握数学运算、逻辑运算和关系运算的组合使用。

模块	积木指令	图例
运动	将 y 坐标设为（0）	将y坐标设为 0
	将 x 坐标设为（0）	将x坐标设为 0
	y 坐标	y 坐标
	x 坐标	x 坐标
	方向	方向
外观	造型（编号）	造型 编号
	大小	大小

	广播（消息1）	广播 消息1 ▼
事件	广播（消息1）并等待	广播 消息1 ▼ 并等待
	当接收到（消息1）	当接收到 消息1 ▼
	克隆（自己）	克隆 自己 ▼
控制	当作为克隆体启动时	当作为克隆体启动时
	删除此克隆体	删除此克隆体
	响度	响度
侦测	鼠标的 x 坐标	鼠标的x坐标
	询问（What's your name?）并等待	询问 What's your name? 并等待
	回答	回答
	( ) + ( )	◯ + ◯
	( ) - ( )	◯ - ◯
运算	( ) * ( )	◯ * ◯
	( ) / ( )	◯ / ◯
	( ) > ( )	◯ > ◯

运算	四舍五入（）	四舍五入
	在（1）和（10）之间取随机数	在 1 和 10 之间取随机数
	（apple）的字符数	apple 的字符数
	（apple）的第（1）个字符	apple 的第 1 个字符
	（apple）包含（a）？	apple 包含 a ？
变量	将（我的变量）设为（0）	将 我的变量 设为 0
	将（我的变量）增加（1）	将 我的变量 增加 1
	我的列表	我的列表
	将（东西）加入（我的列表）	将 东西 加入 我的列表
	（我的列表）的第（1）项	我的列表 的第 1 项
	（我的列表）的项目数	我的列表 的项目数
	删除（我的列表）的全部项目	删除 我的列表 的全部项目
自制积木	定义（函数）	定义 函数
画笔	将笔的（颜色）增加（10）	将笔的 颜色 增加 10
	图章	图章

案例27　声音的样子

用声音控制画笔上下移动，声音越大声波振幅就越高，声音越小声波振幅就越低。图 3.1 为案例 27 的程序效果图。

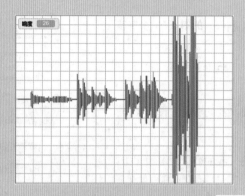

图3.1

图3.2

准备工作

1. 删除默认的小猫角色。
2. 添加舞台背景：Xy-grid-20px。
3. 绘制角色：画笔（一个小点），如图 3.2 所示。

功能实现

1. 点击绿旗后，画笔角色从舞台左边缘开始向右移动，到达舞台右边缘后停止。
2. 声音控制画笔绘制声波图，声音越大画笔移动的幅度越大，没有声音时画笔会保持直向右移动。
3. 画笔的颜色在上下移动时会发生变化，直线向右移动时颜色始终保持不变。

亲自出"码"

（1）初始化，擦除全部绘画痕迹，再设置画笔的属性、位置和方向，最后落笔准备绘制，如图 3.3 所示。

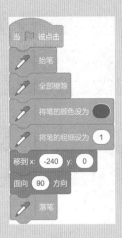

图3.3

（2）设置画笔的停止条件，舞台有上、下、左、右 4 个边缘，如果使用碰到舞台边缘作为停止条件的话，则需要考虑角色不要碰到其他边缘，这种条件在使用的过程中有点麻烦。由于整个舞台都是平面直角坐标系，所以更好的方法是通过角色的坐标值来定位角色。如果画笔角色从左向右移动，x 坐标值逐渐增加。使用表 3.1 所示的 x 坐标积木指令来读取当前角色的 x 坐标值，再使用表 3.2 所示的积木指令，让画笔角色在 x 坐标值大于舞台右边缘的坐标值时停止绘制。

表 3.1

指令名称	指令用途
x 坐标　　y 坐标 【运动 -x 坐标、y 坐标】	可以读取当前角色的 x 坐标（y 坐标）值

表 3.2

指令名称	指令用途
( ) > ( ) 【运算 -> （ ）】	判断左边是否大于右边

那么舞台右边缘的坐标值该如何获得呢？只需要让角色重复执行向右移动，等到角色 x 坐标值不再变化时就可以得到该角色能到达的最远 x 坐标了 ↔ x 240 ↕ y 0 ，此时用最远 x 坐标值（240）减去 1 就可以得到该数值。为什么需要减 1 呢？因为 240 已经是最大值了，没有比它更大的数字了，如果数值填写 240，条件是不成立的，如图 3.4 所示。

小提示：

角色大小不同，坐标最大值也会不同，需要根据实际坐标值填写参数。

图3.4

画笔角色停止之后就需要抬笔。

（3）编写绘制声波图的程序，需要通过麦克风向电脑里输入声音，声音的大小决定了声波图的大小，可以使用表3.3所示的积木指令获取声音大小的参数。

表 3.3

指令名称	指令用途
响度 【侦测 - 响度】	获取当前计算机麦克风的响度值，声音越大响度值越大（需要计算机配备麦克风）

（4）使用表3.4所示的积木指令，将角色y坐标的参数设为响度值，输入的声音越大，响度值也就越大，对应角色的y坐标值就越大，则绘制出的声波图振幅也就越大，如图3.5所示。

表 3.4

指令名称	指令用途
将y坐标设为 10 【运动 - 将 y 坐标设为（10）】	设定角色在 y 坐标轴上的位置

响度值只能是0（静音）和正整数（输入声音），所以现在绘制的声波图只有上半部分，如图3.6所示。

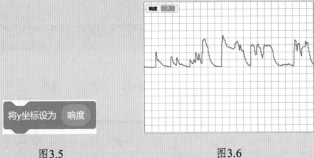

图3.5 图3.6

（5）那么该如何绘制完整的声波图呢？只需要让角色上下移动即可。现在是正整数，已经可以向上移动了，接下来只需要让角色向下移动就能绘制出完整的声波图。由于 –1 乘以一个数等于这个数的相反数，所以可以使用表 3.5 所示的积木指令，让响度乘以 –1，这样结果就变成了负数，那么角色的 y 坐标值就变成了负数，角色就可以移动到下方了，如图 3.7 所示。

表 3.5

指令名称	指令用途
【运算 -（ ）×（ ）】	数值运算，得到左右两数相乘的结果

这时完整的声波图就绘制出来了，如图 3.8 所示。

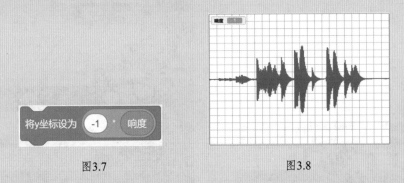

图3.7 图3.8

（6）可以使用表 3.6 所示的积木指令，通过改变画笔的颜色来改变声波图的颜色。

表 3.6

指令名称	指令用途
 【画笔 - 将笔的（颜色）增加（10）】	增加画笔颜色、饱和度、亮度、透明度的值

如果角色的 y 坐标大于 0，则说明角色向上移动，如果角色的 y 坐标小于 0，则说明角色向下移动，角色上下移动时画笔的颜色也会发生改变，而沿直线移动时颜色保持不变，如图 3.9 所示。

（7）将所有的程序从上到下连接起来，绘制声波图的程序就编写完成了，如图 3.10 所示。

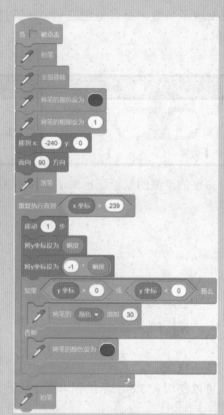

图3.9

图3.10

至此，所有程序编写完成，别忘记保存哦！

练一练

1. 小猫执行完下列哪个程序后，会说"你好！"【答案：B】

A.

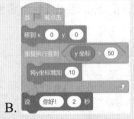

B.

2. 小猫执行完下列程序后，坐标可能是多少？【答案：A】

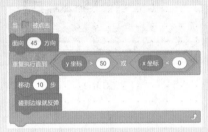

A.（48，57）　　　　　　　　　　B.（10，40）

举一反三 "绘制彩色蛋筒"

扫一扫，看视频

要求：

1. 保留默认的小猫角色并隐藏。

2. 添加任意纯色背景。

3. 绘制如图所示的图形。

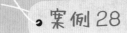

案例28　**灭蚊大作战**

　　炎热的夏季，最讨厌的就是蚊子了，它们三五成群，神出鬼没，嗡嗡的声音，让人不胜其烦，快拿起苍蝇拍去消灭它们吧。图 3.11 为案例 28 的程序效果图。

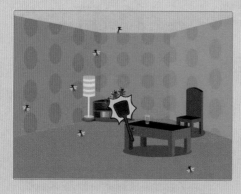

图3.11

准备工作

　　1. 删除默认的小猫角色。
　　2. 添加任意室内背景。
　　3. 上传角色：蚊子和苍蝇拍。

功能实现

　　1. 点击绿旗后，苍蝇拍跟随鼠标移动，单击苍蝇拍拍下，并且每次只能拍一下。
　　2. 每过一段时间，就会有几只蚊子出现在任意位置，向着不同的方向飞去，并且不可以飞出舞台。
　　3. 如果蚊子碰到了苍蝇拍的拍子，那么蚊子切换为死亡造型，然后消失。

亲自出"码"

　❶ 拍子的程序

　　（1）这个程序共分为两部分，第一部分是没有拍下的造型，跟随鼠标指针移动，如

图 3.12 所示。

第二部分是按下鼠标切换为拍下的造型，并且每次只能拍一下，如图 3.13 所示。

（2）将条件判断的程序放入重复执行里，并加上音效，这样苍蝇拍的程序就编写完成了，如图 3.14 所示。

图3.12

图3.13

图3.14

❷ 蚊子程序

（1）本体程序。

①初始化蚊子的造型并隐藏本体，如图 3.15 所示。

②使用表 3.7 所示的积木指令，每隔 10 秒就连续复制 10 次，这样就可以复制出很多蚊子了，如图 3.16 所示。

图3.15

图3.16

表 3.7

指令名称	指令用途
 克隆 自己 ▾ 【控制 - 克隆（自己）】	可以复制当前角色，也可以复制其他角色。 1. 复制不是创建新的角色。 2. 克隆体可以继承本体属性。 3. 克隆体上限是 300 个

（2）克隆体程序。

①克隆体是一个独立的个体，需要编写程序才能够实现效果。和角色编写程序一样，也需要从"事件"开始执行，克隆体有着自己独有的"事件"积木指令，见表 3.8。

表 3.8

指令名称	指令用途
 当作为克隆体启动时 【控制 - 当作为克隆体启动时】	当克隆体产生时，开始按顺序执行下方每一行指令积木

②当蚊子的克隆体启动时，移动到一个随机位置，如图 3.17 所示。

图3.17

③使用表 3.9 所示的积木指令，面向一个随机方向开始飞行，如图 3.18 所示。

表 3.9

指令名称	指令用途
 在 1 和 10 之间取随机数 【运算 - 在（1）和（10）之间取随机数】	设定范围，电脑随机选取一个数字

图3.18

在取随机数时，数字区间越大，则每次取到随机数的范围也就越大，克隆体面向的随机方向也就越多。为了不让蚊子东倒西歪，还需要将克隆体的旋转方式修改为左右翻转。因为蚊子的克隆体还继承了本体的属性，现在是隐藏的状态，需要将它显示出来后再开始移动，这样蚊子克隆体移动的程序就编写完成了，如图3.19所示。

图3.19

④编写蚊子消失的程序。当苍蝇拍碰到蚊子，并且苍蝇拍是拍下去的动作时，即同时满足这两个条件，蚊子才能被拍死，如图3.20所示。

图3.20

⑤条件达成以后，蚊子就需要换成被拍死的造型，使用表3.10所示的积木指令，删除被拍死的蚊子克隆体，如图3.21所示。

表 3.10

指令名称	指令用途
删除此克隆体 【控制 - 删除此克隆体】	删除当前克隆体

图3.21

小提示：

　　克隆体需要直接删除，而不是简单地隐藏，因为隐藏后的克隆体只是在舞台上看不见了，但是克隆体本身还存在，如果不删除克隆体，随着克隆体的增加，程序的运行速度会变慢，影响程序效果。

⑥编写一个播放"蚊子叫声"的程序，这样蚊子的所有程序就编写完成了，如图 3.22 所示。

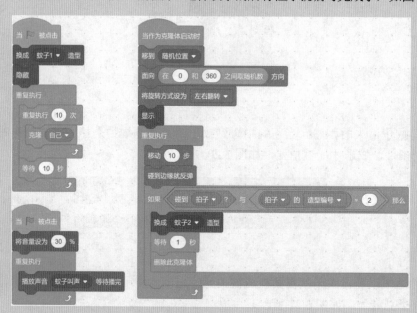

图3.22

至此，所有程序编写完成，别忘了保存哦。

 练一练

1. 每执行一次下图所示的积木，可生成一个随机整数。如果一直重复执行该积木，下面选项说法正确的是？【答案：B】

　　A. 无法生成 1　　　　　　　　B. 有可能生成 10

2.执行下面程序后，舞台上可以看到几只小猫？【答案：A】

A.3 只   B.4 只

举一反三"穿越小行星带"

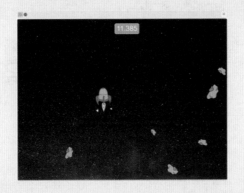

扫一扫，看视频

要求：

1. 删除默认的小猫角色。

2. 添加任意星空背景。

3. 添加角色：Rocketship、Rocks。

4. 每过一段时间，就会有几颗小行星出现在舞台最上方，并向着不同的方向飞去，但不可以飞出舞台。

5. 点击绿旗后，宇宙飞船跟随鼠标指针移动躲避小行星，如果碰到小行星，游戏结束，停止全部脚本。

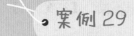

案例29　猫狗大战

天上下"鱼"了，小猫太开心了，终于可以美美地吃一顿大餐了，可是讨厌的狗狗跑来跑去，总是打扰小猫。图 3.23 为案例 29 的程序效果图。

图3.23

准备工作

1. 保留默认的角色小猫。

2. 上传舞台背景：脆皮烤肠店。

3. 添加角色：Dog1。

4. 上传角色：生命值、小鱼。

功能实现

1. 点击绿旗后，小猫跟随鼠标指针在舞台下方左右移动，单击时小猫跳起然后落下。

2. 小鱼从舞台上边缘任意位置落下，落到地面后消失，如果碰到小猫得分增加 1 后消失。

3. 小狗每隔一会儿就从舞台右边缘向左跑，如果碰到小猫，小猫的生命值减少 1，直到生命值等于 0 时游戏结束，停止全部脚本。

亲自出"码"

1 小猫程序

（1）首先初始化小猫造型，如图 3.24 所示。

（2）让小猫跟随鼠标指针左右移动，先使用"移到 x，y"的积木指令，重复给角色设置一个固定位置，再使用表 3.11 所示的积木指令，将角色的 x 坐标参数设置为当前鼠标指针所在位置的 x 坐标数值。当鼠标左右移动时，鼠标指针的 x 坐标数值会发生变化，角色的 x 坐标参数也会跟着发生变化，这样角色就可以在水平方向上移动了，由于 y 坐标参数是一个固定值，所以角色的高度不会发生任何变化，如图 3.25 所示。

图3.24　　　　　　　　　图3.25

表 3.11

指令名称	指令用途
鼠标的x坐标 【侦测 - 鼠标的 x 坐标】	获取当前鼠标指针在舞台上的 x 坐标数值

> **小思考：**
>
> 如果使用运动模块里的"移动鼠标指针"，会不会更简单呢？

（3）小猫的跳跃效果是一个上下移动的过程，使用"将 y 坐标增加"积木指令就可以实现这个效果了，如图 3.26 所示。

（4）将条件程序放到重复执行里，再加上动作和音效，小猫的程序就编写完成了，如图 3.27 所示。

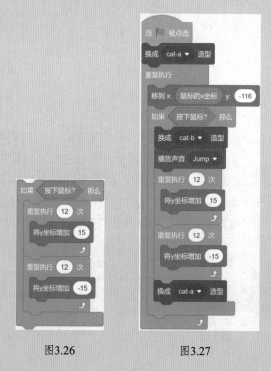

图3.26   图3.27

2 小鱼程序

（1）本体程序。使用等待时间积木指令和取随机数的积木指令，让克隆体不均匀地出现以增加游戏的趣味性，如图 3.28 所示。

图3.28

（2）克隆体程序。

①先设置克隆体的下落位置，由于所有的小鱼都是从舞台的上边缘落下，也就是说克隆体的高度是固定的，而小鱼在水平方向落下的位置又各有不同，所以只需要给克隆体的

x 坐标设置一个随机数就可以了。那么该随机数的区间是多少呢？先将小鱼移动到左边缘记录一个 x 坐标数值，再移动到右边缘记录一个 x 坐标数值，这两个数值就是随机数的区间了，如图 3.29 所示。

②生成的克隆体需要不断地从天空中向下移动，直到落到地面位置后删除克隆体，如图 3.30 所示。

图3.29

图3.30

③克隆体向下移动的过程中如果碰到了小猫，得分会增加。而是得分是一个累加的过程，是一个变化中的数据，所以需要使用表 3.12 所示的变量积木指令来保存得分数据。

表 3.12

指令名称	指令用途
我的变量 【变量 - 我的变量】	读取当前变量的值

④单击"建立一个变量"按钮，然后输入变量的名称"得分"。如果这个变量是所有角色和背景都可以使用的，那么就选中"适用于所有角色"单选按钮，如果只能自己使用那么就选中"仅适用于当前角色"单选按钮，选择完成后单击"确定"按钮，一个新变量就建立成功了。如果需要让变量在舞台上显示出来，则勾选这个变量（默认已勾选）。如果小鱼碰到小猫，小鱼将被吃掉，则需要使用表 3.13 所示的积木指令来增加"得分"变量的数据，如图 3.31 所示。

表 3.13

指令名称	指令用途
将 我的变量 ▼ 增加 1 【变量 - 将（我的变量）增加（1）】	增加或减少变量值。 注：减少时需要在数值前加上减号

 **小提示:**

变量的命名要简短且具有描述性，不要使用无意义的字母和符号。

⑤将条件判断的程序，放入重复执行里，小鱼克隆体的程序就编写完成了，如图 3.32 所示。

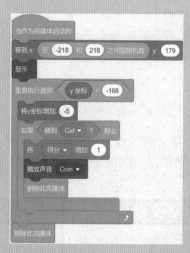

图3.31　　　　　　　　　　图3.32

⑥在游戏开始时初始化"得分"变量数据。使用表 3.14 所示的积木指令，将"得分"变量设置为 0，并放到"事件"积木指令的下方，如图 3.33 所示。

表 3.14

指令名称	指令用途
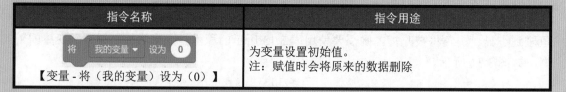 将（我的变量）设为（0）】	为变量设置初始值。 注：赋值时会将原来的数据删除

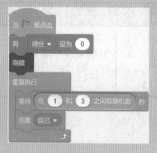

图3.33

❸ 小狗的程序

小狗的程序和小鱼的程序基本上是一样的，区别在于小狗是从右向左移动的，如图3.34所示。

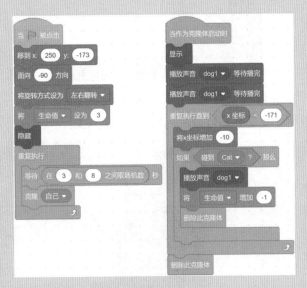

图3.34

❹ 生命值的程序

生命值的角色共有3个造型，分别代表剩余生命的数量。重复执行，更换"生命值"变量的造型，当生命值变量的数值是3时，换成造型3，小狗碰到小猫后生命值变量的数值减少1，这时生命值变量的数值变成了2，那么就换成第2个造型，以此类推，直到生命值小于1的时候，隐藏生命值角色，停止全部脚本，游戏结束，如图3.35所示。

最后，再加上一个有趣的背景音乐，这样所有的程序就编写完成了。

图3.35

练一练

1. 点击绿旗，舞台上的角色会说出？【答案：B】

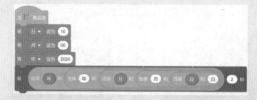

　A. 2024 年 6 月 16 日　　　　　　　　B. 2024 年 06 月 16 日

2. 执行下面的程序，变量 b 的值最后为？【答案：A】

　A. 88　　　　　　　　　　　　B. 78

 举一反三"绘制实心五角星"

扫一扫，看视频

要求：

1. 保留默认的角色小猫并隐藏。

2. 绘制任意纯色背景。

3. 绘制如图所示的图形。

扫一扫，看视频

图片比文字给人的感觉会更加直观，针对英语这样的外来语言，加以图片配合，学习会既有趣又有效。图 3.36 为案例 30 的程序效果图。

图3.36

准备工作

1. 删除默认的角色小猫。

2. 上传舞台背景：学英语。

3. 添加角色：2 个 Button2 和 4 个 Button3，并写上对应的文字，如图 3.37 所示。

4. 添加 4 种不同类型的角色，如图 3.38 所示。每个角色里有 5 个相同类型的造型，并将造型名称修改为与造型对应的英语单词，如图 3.39 所示。

图3.37

图3.38

图3.39

功能实现

    1. 点击绿旗后，类型选项卡全部进入舞台上边缘，鼠标指针移到选项卡上，选项卡滑出，鼠标指针离开，选项卡又滑入上边缘，单击选项卡后对应类型的造型图片会显示在舞台左边。

    2. 根据左边显示的造型图片用电脑键盘输入对应的单词，输入完成后单击"确定"按钮，如果需要修改单击"清除"按钮后再次输入。

    3. 单词输入正确得一分，输入错误不得分。

亲自出"码"

1 选项卡程序

    （1）滑动效果。使用"如果（）那么（）否则"积木指令来判断选项卡是否碰到了鼠标指针，然后使用"滑行到固定位置"积木指令来实现上下滑动的程序效果，如图 3.40 所示。

    （2）切换选项卡。

    ①当选项卡碰到鼠标指针并且按下鼠标时，会出现对应的造型图片，这是两个角色之间的交互效果。若想实现该效果，则要使用表 3.15 所示的广播积木指令，给对应的角色发出消息，当角色接收到消息时，就会显示出来。

图3.40

表 3.15

指令名称	指令用途
广播 消息1 当接收到 消息1 【事件-广播（消息1）和当接收到（消息1）】	1. 广播一个指定的消息。角色和舞台背景都可以广播消息。 2. 当接收到广播时，开始向下执行积木指令，所有角色和舞台都可以接收消息

    ②如果多个角色接收到同一个消息，则会同时执行程序。本案例要求单击选项卡，出现对应的造型图片，所以每个选项卡都要发出一个独有的消息给对应的角色。单击选择"新消息"，输入新消息的名称后单击"确定"按钮。最后还需要设置一个"类型"变量，

用来区分不同类型的角色，例如，"类型"变量设为 1 时代表动物角色，设为 2 时代表水果角色，如图 3.41 所示。

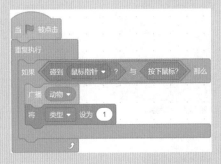

图3.41

小提示：

消息名称和变量一样都需要命名规范，简短且具有描述性，不要使用无意义的字母和符号。

剩余 3 个选项卡的程序和"动物"选项卡的程序除了位置和类型不同外，其余全部相同，如图 3.42～图 3.44 所示。

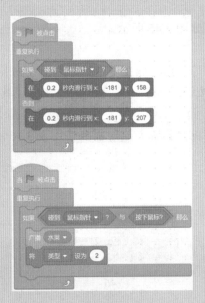

图3.42

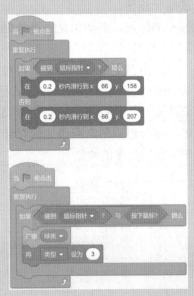

图3.43

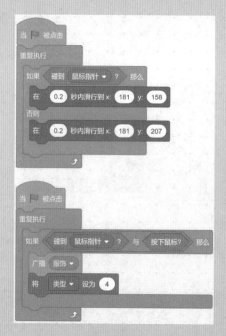

图3.44

② 确认按钮程序

（1）初始化按钮。

设置按钮的位置，并初始化"得分"变量，如图 3.45 所示。

（2）输入单词。

①按下电脑键盘上的字母按键，将对应的字母数据存储在变量里，如图 3.46 所示。

此时会遇到一个问题，即当按下其他字母按键时，字母变量就被替换成了其他字母，也就是原来的数据被替换了，这是由变量只能存储一个数据的特性所导致的。那么一个单词是由很多个字母组成的，应该如何存储这么多的数据呢？这时需要使用表 3.16 所示的积木指令来同时存储更多的数据。

图3.45

图3.46

表 3.16

指令名称	指令用途
我的列表 【列表 - 我的列表】	一次性读取当前列表中所有的值

②在变量的下面单击"建立一个列表"按钮，输入新的列表名称，如果只能一个角色使用，则选中"仅适用于当前角色"单选按钮，如果所有角色都能使用，则选中"适用于所有角色"单选按钮（默认选项），最后单击"确定"按钮，一个空的列表就建立好了 ✓ 单词，默认显示在舞台上。

③使用表3.17所示的积木指令给列表添加数据，把单词的每一个字母都添加到列表中，如图 3.47 所示。

表 3.17

指令名称	指令用途
将 东西 加入 单词 ▼ 【列表 - 将（东西）加入（单词）】	将数据添加到指定列表的末尾

剩余 24 个字母的程序与 a、b 两个字母的程序是一样的，可以自行尝试编写。

（3）读取单词列表。将字母数据插入列表后，就需要读取列表，将列表里单独的字母组合成为一个完整的单词，将单词变量的值设为单词列表里的数据，如图 3.48 所示。

图3.47

图3.48

（4）确认答案。单词输入完成后，单击按钮，确认答案是否正确，如图 3.49 所示。

最后别忘了在程序开始运行时，需要先初始化列表，也就是使用表 3.18 所示的积木指令清空列表，这样才能保证输入的内容是正确的，如图 3.50 所示。

图3.49   图3.50

表 3.18

指令名称	指令用途
删除 单词 ▼ 的全部项目 【列表 - 删除（单词）的全部项目】	一次性删除列表中所有的数据

③ 清除按钮程序

当输入错误时，可以单击"清除"按钮，将错误内容删除，也就是删除了列表里的数据，如图 3.51 所示。

④ 动物角色程序

（1）初始化角色的位置并隐藏，如图 3.52 所示。

（2）显示和隐藏。当接收到"动物"消息时，显示动物角色，但是在其他类型的角色显示出来时，动物角色需要隐藏，也就是说，当动物角色接收到其他角色消息的时候，需要隐藏，如图 3.53 所示。

剩余 3 个角色的显示和隐藏正好相反，如水果角色，接收到水果角色时就需要显示，接收到其他角色消息的时候就需要隐藏。这里可自行尝试编写。

（3）检查单词。

①当接收到确认消息时，需要先判断当前的类型，如果不判断类型的话，就会出现大问题。比如，看到的是小猫，输入的却是 apple，如果不判断类型，直接判断结果，则结果就是正确的。因此，必须要先判断类型，再判断输入的单词是否正确，如图 3.54 所示。

图3.51

图3.52

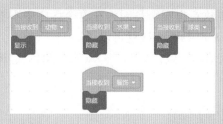

图3.53

图3.54

②按照之前选项卡的设定，类型为 1 时是动物类，在动物类的前提条件下，继续判断输入的单词是否正确。在做准备工作时，已经将每一个造型的名称修改为对应的单词，这就是正确答案。此时需要使用表 3.19 所示的积木指令，读取当前造型的名称。如果单词变量等于造型的名称，则说明输入的单词是正确的，反之就是错误的，无论正确还是错误，判断之后都需要将列表清空，这样才能继续输入新的单词，如图 3.55 所示。

表 3.19

指令名称	指令用途
造型　编号▼ 　【外观 - 造型（编号）】	读取角色当前的造型编号或造型名称。 左上角数字是造型编号，下方字母是造型名称

③加上音效，这样检查单词的程序就编写完成了，如图 3.56 所示。

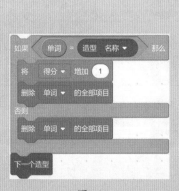

图3.55

图3.56

在这里为什么不将判断程序放到重复执行里呢？是因为在这个程序中不需要连续不断地判断条件是否达成，只需要在接收到消息时判断一次就可以了。

其他 3 个类型的判断程序与动物角色基本一致，如图 3.57（水果角色）、图 3.58（球类角色）和图 3.59（服饰角色）所示。

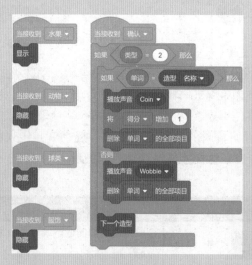

图3.57

图3.58

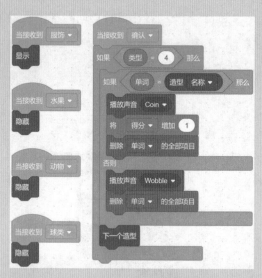

图3.59

至此，全部程序就编写完了，别忘了保存哦。

练一练

1. 下面是小球的程序（小球始终显示，默认为90度方向），以下说法正确的是？
   【答案：A】

    A. 点击绿旗后，小球会一直在舞台上滑行到随机位置

    B. 点击绿旗后，小球在舞台上只滑动一次，然后就停止了

2. 如下图所示，点击绿旗，角色说出的内容是？【答案：A】

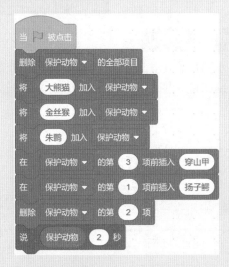

    A. 扬子鳄 金丝猴 穿山甲 朱鹮

    B. 扬子鳄 大熊猫 金丝猴 穿山甲

举一反三 "柱状统计图"

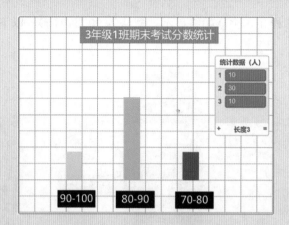

扫一扫，看视频

要求：

1. 删除默认的角色小猫。

2. 添加舞台背景：Xy-grid-30px。

3. 绘制角色：画笔 ，标题角色 3年级1班期末考试分数统计 ，分数区间角色 90-100 、 80-90 、 70-80 。

4. 新建统计列表，显示在舞台上，并给列表添加 3 组不同的数据。

5. 按照数据内容，绘制出柱状图。

扫一扫，看视频

案例31 数字炸弹（人机对战）

在规定的数字范围内，随机选择一个数字作为炸弹，每猜测一次，数字范围就会缩小，谁猜中这个炸弹就要被惩罚。图 3.60 为案例 31 的程序效果图。

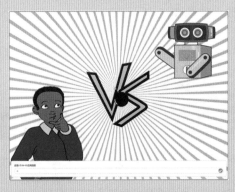

图3.60

准备工作

1. 删除默认的角色小猫。
2. 上传舞台背景：数字炸弹。
3. 上传角色：炸弹。
4. 添加角色：Devin，并移动到图 3.60 所示的位置。
5. 添加角色：Retro Robot，并修改造型，如图 3.60 所示。

功能实现

1. 点击绿旗后，舞台上出现问题，并给出数字范围提示，如图 3.61 所示。

图3.61

2. 人物角色回答后，机器人角色将自动回答，并且不能重复回答同一个数字。
3. 谁猜到炸弹数字后，炸弹会移动到他的身体上，然后爆炸，本次游戏结束。

221

亲自出"码"

1 舞台程序

（1）建立变量。建立 3 个变量"最大数""最小数"和"炸弹数"。接着在程序开始运行时初始化 3 个变量，将"最小数"设为 1，将"最大数"设为 100，将"炸弹数"设为最小数和最大数之间取随机数，如图 3.62 所示。

图3.62

（2）提出问题。使用表 3.20 所示的积木指令和"连接"积木指令将最小数和最大数连接成为一个完整的文本，这样可以提示数字范围，并开始进入提问环节，如图 3.63 所示。

表 3.20

指令名称	指令用途
询问 What's your name? 并等待 【侦测 - 询问（What's your name?）并等待】	显示指定文本内容并等待用户输入，输入结果保存在回答里。如果积木指令编写到角色里，则角色说出文本内容。如果积木指令编写到舞台里，则在舞台下方的输入框上面显示出文本内容

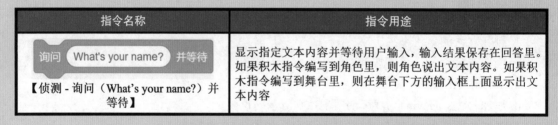

图3.63

（3）回答规则。使用表 3.21 所示的积木指令来回答提出的问题。在回答之前还需要设定几个回答的规则，那就是不能回答比最小数还要小的数字，不能回答比最大数还要大的数字。另外，还需要使用表 3.22 所示的积木指令，检查是否包含小数点，也就是不能回答小数，如图 3.64 所示。

表 3.21

指令名称	指令用途
回答 【侦测 - 回答】	获取用户通过"询问（）并等待"指令输入的数据

表 3.22

指令名称	指令用途
apple 包含 a ? 【运算 -（apple）包含（a）？】	如果第一个参数包含第二个参数，那么返回真。否则返回假

图3.64

当这些条件都不成立时，也就是说，这些条件都没有达成，则说明回答的内容是合格的。之后就可以判断回答的内容是否等于炸弹数了，如果不等于的话，则回答的内容无非就是大于炸弹数或者小于炸弹数，在这里应使用"如果（）那么（）否则（）"积木指令来判断会更简单一些。

（4）编写判断条件。

①编写第一个判断条件，如果回答大于炸弹数字，则将最大数设为回答。例如，炸弹数字是 50，回答 70，此时数字范围就是 1 ～ 70，下一轮只能在 1 ～ 70 的范围里回答。

可是现在出现了一个问题，如果机器人为了不被炸到，继续回答 70 怎么办呢？这就是提出的游戏规则，不能重复回答同一个数。这个问题在设计程序的时候该如何避免呢？

使用表 3.23 所示的积木指令，在回答的基础上减 1 就可以解决。例如，回答的是 70，比 70 小的整数最大的就是 69 了，那么将最大数设为 70 － 1，机器人在回答时只能选择在 1 ～ 69 的范围内回答，这样就可以避免重复回答，如图 3.65 所示。

表 3.23

指令名称	指令用途
○ - ○ 【运算 -（）-（）】	求两个参数相减的差

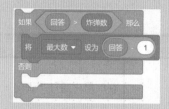

图3.65

②编写第二个判断条件，在否则里嵌套一个"如果（）那么（）否则"。第二个条件就是如果回答小于炸弹数，跟刚才一样需要使用表 3.24 所示的积木指令，将最小数设为回答加 1 就可以了，如图 3.66 所示。

表 3.24

指令名称	指令用途
【运算 -（）+（）】	求两个参数相加的和

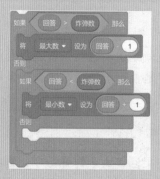

图3.66

（5）广播消息。如果回答既不大于炸弹数也不小于炸弹数，等于炸弹数的话，则需要使用表 3.25 所示的积木指令，给炸弹发消息，将其移到玩家的位置爆炸，如图 3.67 所示。

表 3.25

指令名称	指令用途
【事件 - 广播（消息 1）并等待】	广播指定的消息，并等待接收到这条消息的指令都执行完毕后，再继续向下执行

这一轮如果玩家没有猜到炸弹数，则会轮到机器人猜，这时需要给机器人发消息，并且等机器人回答结束后，玩家再继续回答，直到有一方猜到了炸弹数为止。因此，将条件判断程序，放到重复执行里，这样舞台询问的程序就编写完成了，如图3.68所示。

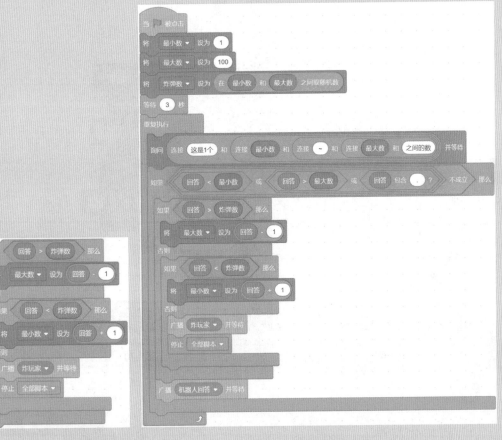

图3.67　　　　　　　　　　　　　　　　　图3.68

2 机器人程序

（1）初始化机器人的位置，并让机器人很嚣张地说话，如图3.69所示。

（2）机器人回答。机器人回答的方式和玩家是一样的，都是在最小数和最大数之间随机选择一个数。此时需要新建一个"机器人回答"变量，将随机选择的数存储到这个变量里，再说出来就可以了。机器人回答结束后也需要判断其是否猜到了炸弹数，它的判断方式和玩家一样。最后再加上音效和思考，这样机器人的程序就编写完成了，如图3.70所示。

图3.70

图3.69

③ 炸弹程序

（1）初始化炸弹。在没有猜中之前，炸弹一直在舞台中间位置保持炸弹造型，如图3.71所示。

（2）爆炸效果。猜中后，也就是接收到消息后，将炸弹移动到玩家或者机器人的位置爆炸，如图3.72所示。

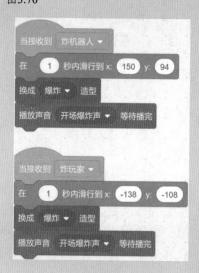

图3.71

图3.72

4 玩家角色程序

玩家角色可以不用编写程序，也可以为了使程序效果更加丰富，编写一个简单的程序，如图 3.73 所示。

图3.73

至此，所有程序就编写完了，一定记得保存哦。

练一练

1.下面程序执行后，角色会说多少次"你好！"？【答案：A】

A. 5 次　　　　　　　　B. 3 次

2. 运行程序，输入 8，等待程序执行结束以后，舞台上会出现哪幅图案？【答案：A】

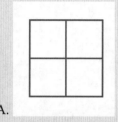

A.

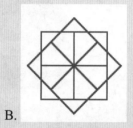

B.

举一反三 "诗词大会"

扫一扫，看视频

要求：

1. 删除默认的角色小猫。

2. 添加任意舞台背景。

3. 添加任意人物角色。

4. 询问一句不完整的成语或者诗词，回答后将询问内容补充完整，如果回答正确，提示"正确"并加 1 分；如果回答错误，提示"错误"并减 1 分，直到所有题目回答完毕。

案例32 小蚂蚁找食物

大多数蚂蚁在外出寻找食物时会留下自己的气味，其他蚂蚁会跟随这个气味，按照之前蚂蚁走过的路线找到食物。图3.74为案例32的程序效果图。

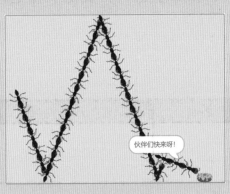

伙伴们快来呀！

图3.74

准备工作

1. 删除默认的角色小猫。

2. 添加任意纯色背景。

3. 上传角色：1号蚂蚁、2号蚂蚁。

4. 添加任意食物角色。

功能实现

1. 点击绿旗后，食物移动到随机位置，并且与1号蚂蚁的距离大于400。

2. 1号蚂蚁在舞台左侧面向前方任意方向移动，在移动的过程中不可以超过舞台边缘并且留下移动痕迹。如果与食物的距离小于100时，则面向食物移动，找到食物后说"伙伴们快来呀！"然后发出消息，停止这个程序。

3. 由于地面尘土飞扬，1号蚂蚁留下的痕迹过一会就会消失。

4. 2号蚂蚁在接到消息后按照1号蚂蚁走过的路线寻找食物。

亲自出"码"

① 1号蚂蚁程序

（1）建立 3 个列表来记录 1 号蚂蚁的方向、x 坐标和 y 坐标的数据。由于每次蚂蚁出发的路线不同，所以列表里记录的数据也不同。在使用列表之前，需要初始化列表，删除列表中所有的项目数据，如图 3.75 所示。

（2）将 1 号蚂蚁的位置数据（包括表 3.26 所示的角色方向，角色的 x 坐标和 y 坐标）存储到列表中，如图 3.76 所示。

表 3.26

指令名称	指令用途
方向 【运动 - 方向】	获取当前角色在舞台上的方向

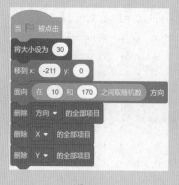

图3.75

图3.76

（3）1 号蚂蚁需要连续不断地行走，直到找到食物后停止行走，所以需要重复地将 1 号蚂蚁的位置数据加入列表中，并使用表 3.27 所示的积木指令，在 1 号蚂蚁连续行走的过程中不断地留下痕迹，如图 3.77 所示。

表 3.27

指令名称	指令用途
图章 【画笔 - 图章】	在舞台背景上像盖章一样，复制当前角色的图像。 注意：复制出的图形不执行任何程序

（4）在1号蚂蚁行走寻找食物的过程中，如果与食物的距离小于100时，则小蚂蚁就可以看到食物，这时就需要直接面向食物移动，如图3.78所示。

（5）将条件判断程序放到重复执行里，再把所有的程序连接起来，1号蚂蚁的程序就编写完成了，如图3.79所示。

图3.77　　　　　　　　图3.78　　　　　　　　图3.79

② 背景程序

每隔一段时间就将图章全部擦除，以清除地面痕迹。由于程序开始运行时，地面上是没有痕迹的，所以需要把"全部擦除"放到"等待"积木指令的上面，这样做可以达到初始化舞台的程序效果，如图3.80所示。

图3.80

③ **2 号蚂蚁的程序**

（1）初始化程序。2 号蚂蚁在没有接收到消息之前需要隐藏，如图 3.81 所示。

（2）原路行走。

① 当接收到呼叫后，2 号蚂蚁先显示，如图 3.82 所示。

图3.81   图3.82

② 2 号蚂蚁需要按照 1 号蚂蚁行走的路线找到食物，也就是需要读取 1 号蚂蚁的行走数据。之前已经将 1 号蚂蚁的行走数据记录到了 3 个列表中，通过使用"面向（）方向"积木指令、表 3.28 所示的积木指令和"将 y 坐标设为（）"积木指令，分别读取表 3.29 所示的积木指令中对应位置的数据，如图 3.83 所示。

表 3.28

指令名称	指令用途
将x坐标设为 0 【运动 - 将 x 坐标设为（0）】	将当前角色的 x 坐标值直接设为指定值

表 3.29

指令名称	指令用途
X ▾ 的第 1 项 【列表 -（列表名）的第（1）项】	获取指定列表的指定位置数据

③ 此时 2 号蚂蚁的位置设为列表的第一项，也就是 1 号蚂蚁的出发位置，若想按照 1 号蚂蚁的路线行走，则将 2 号蚂蚁的位置连续按照列表顺序（图 3.84）设置，这是一个首项为 1、公差为 1 的等差数列。

图3.83　　　　　　　　　　　　　　图3.84

按照这个规律，先新建一个变量n，将n的初始值设为1，并且将变量n放入图3.83所示的程序中作为列表的第n项。2号蚂蚁每设置一次位置，将变量n增加1，重复执行表3.30所示的积木指令次数，这样2号蚂蚁就可以连续走到1号蚂蚁的位置了，如图3.85（a）所示。

表3.30

指令名称	指令用途
![X的项目数] 【列表-（列表）的项目数】	获取指定列表的项目数，也就是列表的数据个数 1，2，3，4是数据的序号。大，龙，老，师是数据。序号到多少列表就有多少个项目。长度后的数字也表示列表的项目数

④给2号蚂蚁加上切换行走造型的积木指令，这样2号蚂蚁的程序就编写完成了，如图3.85（b）所示。

4　食物程序

食物的程序就很简单了，首先参考蚂蚁在现实生活中吃食物时的样子，将食物移动到最底层，这样蚂蚁就可以爬到食物上了。然后将食物隐藏后移动到一个随机位置，接着判断这个随机位置到 1 号蚂蚁的距离是否大于 400。如果小于或等于，则继续移动，直到与 1 号蚂蚁的距离大于 400 后，食物才能显示出来，在这里使用"重复执行直到（）"的积木指令，如图 3.86 所示。

图3.85（a）　　　　　　　　图3.85（b）　　　　　　　　图3.86

至此，所有的程序就编写完成了，别忘了保存哦。

练一练

1. 默认小猫角色，执行下面程序后，舞台上可以看到几只小猫？【答案：B】

A.7　　　　　　　　　　　　B.2

2. 斐波那契数列指的是这样一个数列 1,1,2,3,5,8,13,21,34,55…这个数列从第 3 项开始，每一项都等于前两项之和。要让小猫间隔 1 秒依次说出斐波那契数列的每一项，在如下图所示程序的循环中，应该补充的是？【答案：A】

A.

B.

举一反三"插花配色"

现有黑、白 2 种颜色的花瓶，蓝、红 2 种颜色的丝带，紫、粉、黄 3 种颜色的鲜花，总共可以搭配出多少种不同颜色的方案？

要求：

（1）点击绿旗，2 种颜色添加到"花瓶颜色"列表，2 种颜色添加到"丝带颜色"列表，3 种颜色添加到"鲜花颜色"列表。

（2）请编写程序将花瓶颜色、丝带颜色和鲜花颜色的全部组合保存到"配色方案"列表中。

（3）"配色方案"列表中的保存格式为花瓶颜色 + 丝带颜色 + 鲜花颜色，如"黑红黄"。

扫一扫，看视频

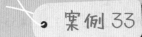
打字高手

扫一扫，看视频

在 60 秒内正确消除更多的字母，消灭 100 个以上是优秀水平，消灭 60~80 个是平均水平。图 3.87 为案例 33 的程序效果图。

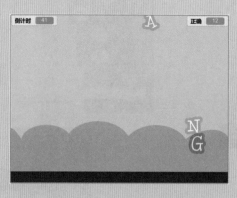

图3.87

准备工作

1. 删除默认的角色小猫。
2. 添加任意舞台背景。
3. 添加角色：字母"A"，将剩余 25 个字母按顺序添加到角色造型里，并将造型名称修改为对应的字母，如图 3.88 所示。
4. 绘制角色："时间到！"，如图 3.89 所示。

图3.88   图3.89

功能实现

1. 点击绿旗后，字母以不同造型从舞台最上方向下掉落到地面后消失。
2. 随机出现大号的闪光字母，下落速度会更快。
3. 按下对应的按键时，字母会消除，并且"倒计时 +1"。
4. 倒计时 60 秒结束后，显示"时间到！"角色，并停止全部脚本。

亲自出"码"

1 字母程序

（1）本体程序。与之前的案例一样，先设置角色大小，再设置位置，接着初始化变量值，最后隐藏本体开始克隆，如图 3.90 所示。

（2）克隆体程序。当作为克隆体启动时，先切换为随机造型，再移动到水平方向的随机位置，最后显示出来开始下落，y 坐标向下是减少，所以克隆体的 y 坐标不断地减少直到小于地面的坐标后删除克隆体，如图 3.91 所示。

图3.90

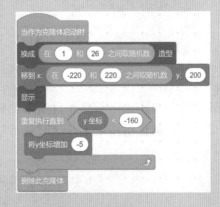

图3.91

（3）随机出现大号字母。将克隆体设置为随机的大小，如图 3.92 所示。

图3.92

这时的克隆体有大有小，使用表 3.31 所示的积木指令，将大小超过 110 的克隆体设置为大号闪光字母，如图 3.93 所示。

（4）字母加速。闪光的同时，字母的下落速度也要加快，如图 3.94 所示。

表 3.31

指令名称	指令用途
大小 【外观 - 大小】	读取当前角色的大小数值

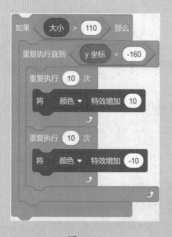

图3.93　　　　　　　　图3.94

（5）消除字母。其实这个程序非常简单，只要按下对应的按键时，是造型的名称等于按键的字母，那么就说明按对了，这时就可以增加正确的数量，并删除克隆体了，如图 3.95 所示。

图3.95

可是现在有 26 个字母，也就是说需要把程序编写 26 次，这样操作实在是太麻烦了，有没有简单的方法呢？

当然有！可以使用"自制积木"来定义函数。定义函数就是将一些固定指令模块放在一起，方便使用。

① 在模块区中选择"自制积木"分类，单击"制作新的积木"按钮，弹出一个"制作新的积木"对话框。单击"添加输入项"按钮，在该输入项里输入数字或者文本。并且在这个对话框中输入新的积木名称，也就是函数名称，输入完成后单击"完成"按钮。这时在模块区中会出现一个叫做"检查（）"的指令模块，同时在右侧的编程区出现一个叫做"定义检查（字母）"的起始积木指令。

 小提示：

> 1. 当把"定义（ ）"积木指令删除以后，这个自制积木就没有了。
> 2. 自制的积木，只有定义后自制积木的角色有效，在其他角色用不了。
> 3. 自制积木的名字不要重复，否则会有一个不执行。

② 编写一个功能程序，也就是检查按下按键是否正确，如图 3.96 所示。

此时函数还没有任何作用，需要将它代入程序里才能真正地起作用，如图 3.97 所示。

图3.96

图3.97

如果按下 a 键，则启动检查函数，并将函数里的值 a 传递到字母中，然后开始向下执行检查函数的程序，如果造型名称和字母里的值相等，那么就说明按下的键是正确的。

使用检查函数后，大大缩小了程序的规模，这样编写的程序更加简洁，也不容易出错。

③ 将判断程序放入重复执行里，消除字母的程序就完成了，如图 3.98 所示。

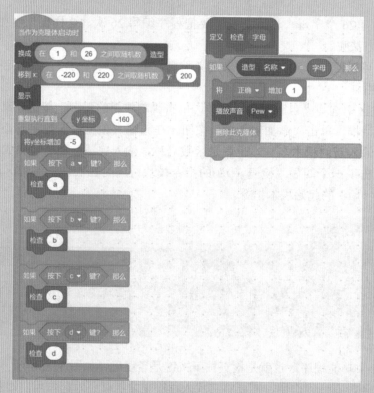

图3.98

② 游戏结束程序

设置一个变量，将初始值设为60，循环执行，每隔1秒钟变量值减少1，变量值小于1时显示"时间到！"，然后停止全部脚本，如图 3.99 所示。

至此，所有的程序就编写完了，别忘了保存哦。

图3.99

练一练

1.运行下列程序，该角色的坐标会变为？【答案：B】

    A.（-5，-4）   B.（0，-5）

2.运行下列程序后，小猫的坐标是？【答案：A】

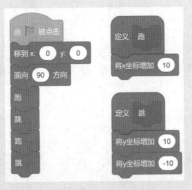

    A.（20，0）   B.（20，20）

举一反三 "绘制同心圆"

扫一扫，看视频

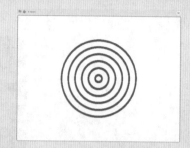

要求：

1. 保留默认的角色小猫。

2. 点击绿旗，小猫询问"请问绘制几个同心圆？"。

3. 输入的数字为 3~9 之间的整数，包括 3 和 9，超出这个范围会继续询问"请问绘制几个同心圆？"。

4. 小猫隐藏，绘制同心圆，画笔的颜色为自定义，画笔的粗细为 5，同心圆的大小自定义，最大的圆不超出舞台范围即可。

扫一扫，看视频

20 以内四则运算练习，每道题答题时间只有 10 秒，答错 5 题游戏结束，比一比看谁答得又快又好。图 3.100 为案例 34 的程序效果图。

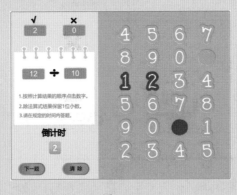

图3.100

准备工作

1. 删除默认的角色小猫。

2. 上传背景：超级速算。

3. 添加角色：2 个 Button2，并写上对应的文字，如图 3.101 所示。

图3.101

4. 添加角色：Glow-1，并将角色调整至合适的大小，再将数字 2、3、4、5、6、7、8、9、0 按顺序添加到角色造型里，然后将角色名称修改为对应的数字，最后绘制小数点造型，并将造型 11 的名称修改为小数点，如图 3.102 所示。

5. 绘制角色：运算符，如图 3.103 所示。

图3.102　　　　图3.103

6. 上传角色：倒计时，并将角色调整至合适的大小后，放到图 3.100 所示的位置。

功能实现

1. 点击绿旗后，在 1 ～ 20 之间随机生成 2 个数进行四则运算，运算结果不可以出现负数，除法运算结果小数点后取 1 位。

2. 备选数字乱序排列在舞台右侧，每排 4 个数字，一共 6 排。当数字被点击时，数字变色并留下痕迹后消失。

3. 计算结果需要按照顺序单击右侧备选数字，例如，计算结果等于 1.2，需要先点击数字 1，再点击小数点，最后单击数字 2。

4. 单击下一题时重新出题，同时右侧数字表擦除后重新排列。

5. 如果备选数字单击错误，先单击清除按键，右侧数字表擦除重新排列后再继续单击答题。

6. 出题结束后，开始倒计时 10 秒，时间结束开始检查计算结果是否正确，答对时正确 +1，答错时错误 +1，答错 5 道题后停止全部脚本。

亲自出"码"

1 备选数字程序

（1）克隆数字。

①设定布置备选数字的条件，在这里可以使用变量来控制角色的状态。当数字状态的变量等于 1 时，开始布置备选数字；当数字状态不等于 1 时，停止布置备选数字。这种方法可以让程序变得更加精确，经常在一些复杂的项目中会经常用到，如图 3.104 所示。

图3.104

②布置备选数字。先将数字角色拖动到如图 3.105 所示的位置，然后将备选数字换成一个随机造型，接着用积木指令给角色设定一个固定位置后隐藏本体，如图 3.106 所示。

图3.105

图3.106

③每排布置 4 个不同的数字，就要克隆 4 次。在这里为了防止造型多次重复，可以直接让造型按照顺序切换，不再使用随机造型。在克隆之前，先将"数字数量"变量设为 0，然后每克隆一次将"数字数量"变量增加 1，这个数据在克隆体横向排列时会用到，如图 3.107 所示。

④将这一过程重复 6 次，每克隆一排数字后，就将 y 坐标减少 50，再继续克隆下一排，如图 3.108 所示。

图3.107   图3.108

⑤4列6排数字布置完成后，将"数字状态"变量设为除1以外的其他数字，通常习惯设为0，方便记忆。这样数字克隆程序就编写完成了，如图3.109所示。

（2）排列克隆体。

①克隆完成后，需要让克隆体横向一字排开，在这里使用刚才设置的"数字数量"变量，如图3.110所示。

图3.109   图3.110

②在本体 x 坐标不变的情况下，克隆体的 x 坐标增加"数字数量"乘以 60。例如，本体的 x 坐标为 0，生成 1 个克隆体时，克隆体 x 坐标增加 1×60，也就是 0+1×60。生成 2 个克隆体时，第二个克隆体 x 坐标增加 2×60，也就是 0+2×60。依次类推，这样就可以让克隆体一字排开了，如图 3.111 所示。

③如果克隆体碰到鼠标指针并且按下鼠标时，那么将这个克隆体的造型名称加入"计算结果"列表中，然后增加克隆体颜色的特效，接着"图章"把这个克隆体的图像盖在舞台背景上，最后删除克隆体，这样就知道单击过哪些数字了，如图 3.112 所示。

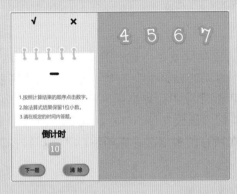

图3.111

图3.112

④在条件判断的外面加上重复执行，这样排列克隆体数字的程序就编写完成了，如图 3.113 所示。

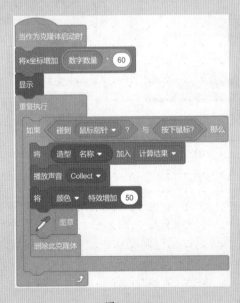

图3.113

（3）清除克隆体。在布置好的备选数字中单击"清除"按钮或重新出题时，克隆体都要被全部删除，然后重新排列，如图 3.114 所示。

图3.114

② "下一题"角色的程序

在单击"下一题"按钮时需要生成新的题目，所以将生成题目的程序编写到下一题的角色中，当然也可以添加一个新的空白角色，专门用来编写出题程序。

（1）设置出题条件。

①需要初始化程序，如图 3.115 所示。

②这里使用了一个"初始化"函数，它的主要功能就是出题，若想要完成这个功能，则要达成的条件是游戏还没有结束，也就是回答错误的题目小少 5 个。接下来由于需要生成新的题目，那么计算结果也会发生变化，所以要删除"计算结果"列表中的所有项目。将在做上一题时留下的图章全部擦除。最后等着把"黑板"擦干净后再出题，所以需要先"广播（擦黑板）并等待"再"广播（出题）"，在所有的事情准备完毕后，开始布置备选数字，准备答题，如图 3.116 所示。

图3.115

图3.116

③编写下一题的程序，其实这个程序也非常简单。当"下一题"按钮被单击后，只需要再次调用"初始化"函数就可以了，但是还需要注意单击按钮的条件，出题前将"数字状态"变量设为 0，也就是等着备选数字布置完以后，才可以单击按钮，这样可以避免和"清除"按钮之间互相干扰。最后如果回答错误的数量大于 4 时，那么游戏结束停止全部脚本，如图 3.117 所示。

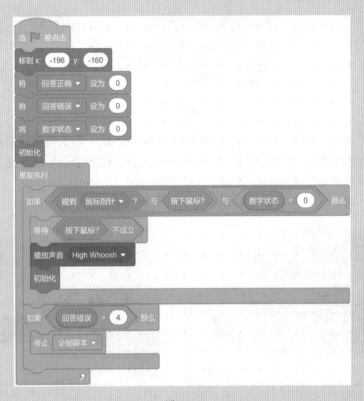

图3.117

（2）生成试题。

①编写出题程序。一道两个数的四则运算题是由4个部分组成的，分别是数字1、数字2、运算符和计算结果，所以需要先建立4个变量，分别将数字1、数字2、运算符设置为随机产生，这样可以生成很多不同的计算题，如图3.118所示。

图3.118

②设置算式成立的条件。根据运算符角色造型的顺序，从1到4分别是＋、−、×、/，所以"符号"变量等于1时就将计算结果设为两数相加，如图3.119所示。

图3.119

③"符号"变量等于2时就将计算结果设为两数相减。为了避免计算结果出现负数，需要让被减数大于减数，也就是数字1大于数字2。如果数字1小于数字2，那么再次"广播（出题）"，直到数字1大于数字2为止，如图3.120所示。

④"符号"变量等于3时将计算结果设为两数相乘，如图3.121所示。

图3.120

图3.121

⑤"符号"变量等于4时就将计算结果设为两数相除。在除法运算中，如果计算结果出现了两位小数，要求取小数点后1位，但是Scratch中并没有这个积木指令，这时需要自己来计算了。首先使用表3.32所示的积木指令将两个数相除，将所得结果乘以10，接着使用表3.33所示的积木指令，四舍五入后再除以10，这样就可以取到小数点后的1位了。例如，$9\div4=2.25$，$2.25\times10=22.5$，取四舍五入后等于23，最后用$23\div10=2.3$，如图3.122所示。

表 3.32

指令名称	指令用途
【运算 - （ ）/（ ）】	求两个参数相除的商

表 3.33

指令名称	指令用途
【运算 - 四舍五入（ ）】	对一个小数进行四舍五入求近似数

这样出题程序就编写完成了，如图3.123所示。

图3.122

图3.123

小思考：

如果是取2位小数的话，该如何操作呢？

（3）判断计算结果。如果"计算结果"变量等于"计算结果"列表，那么就说明回答正确，否则就是回答错误。无论回答的结果是否正确，都要重新出题，那么就继续调用"初始化"函数，如图 3.124 所示。

要注意的是，在重新出题之前，还需要等待"数字状态"变量等于 0，也就是此刻数字已经布置完成，这样主要是为了避免在清除数字的同时又开始出题布置数字，而导致出现数字布置不完整的情况。

这样下一题的按钮角色程序就全部编写完毕了。

图3.124

③ "清除"按钮的程序

"清除"按钮的主要功能是在输入错误的情况下清除输入的内容后重新输入，那么就需要删除"计算结果"列表里的全部内容，并将被单击过的数字留下的图章全部擦除，然后"擦黑板"清除布置好的数字，最后重新布置备选数字，如图 3.125 所示。

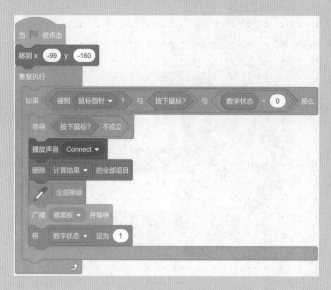

图3.125

④ 运算符的程序

重复换成"符号"变量的造型，如图 3.126 和图 3.127 所示。

图3.126   图3.127

⑤ 倒计时的程序

每次出题时将倒计时造型换成造型 10，每过 1 秒将造型的编号减 1，也就是造型从后向前切换，循环 10 次后时间到"广播（判断对错）"积木指令，使用该指令判断计算结果，如图 3.128 所示。

图3.128

至此，所有的程序就编写完了，别忘了保存哦。

　　楚国有个卖兵器的人夸口说他的盾是最坚固的，无论怎样锋利尖锐的东西都不能刺穿它，那么他的盾卖出去了吗？图 3.129 为案例 35 的程序效果图。

扫一扫，看视频

图3.129

准备工作

　　1. 删除默认的角色小猫。

　　2. 上传案例 35 素材文件夹内的所有角色，如图 3.130 所示，并将角色调整至图 3.129 中合适的大小。

　　3. 上传案例 35 素材文件夹内的所有背景，如图 3.131 所示。

图3.130

图3.131

功能实现

1. 点击绿旗后，按照故事情节的发展播放动画，播放内容包括故事封面、故事内容和故事结尾。
2. 楚国商人人物说话时，需要一个字一个字组成一句话，如图 3.132 和图 3.133 所示。

看看我这个矛，是世界上最

图3.132

看看我这个矛，是世界上最
尖利的。

图3.133

亲自出"码"

❶ 背景程序

（1）故事情节安排。通常一个完整的动画故事是由封面、故事内容和故事结尾组成的，其中故事内容又会分为多个场景。下面将"自相矛盾"成语故事分为六幕。

第一幕：封面。

第二幕：楚人卖矛和盾。

第三幕：路人提问题。

第四幕：演示用矛刺盾。

第五幕：楚人语塞。

第六幕：寓言结尾。

在这里按照顺序使用"广播（消息）并等待"积木指令来实现安排故事情节的发展，如图 3.134 所示。

（2）背景音乐。给故事加上一个背景音乐，让动画变得更加有趣，如图 3.135 所示。

图3.134

图3.135

② 标题角色程序

（1）设置初始位置并隐藏，如图 3.136 所示。

（2）标题显示。第一幕开始时切换为封面背景，让标题显示出来，并加上颜色特效程序，这样使得标题文字更加美观，如图 3.137 所示。

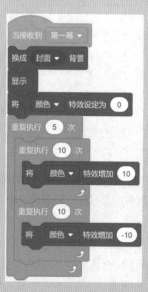

图3.136　　　　　　　　　图3.137

（3）标题隐藏。在进入第二幕时也就是开始进入故事情节时，要将标题隐藏，图 3.138 所示。

图3.138

③ 楚国商人程序

图3.139

（1）初始化角色。为了让角色有一个逐渐显示的过程，可以将角色的虚像特效初始值设为 100，这样在程序开始运行时，角色完全看不见，如图 3.139 所示。

（2）商人出现。

①在第二幕开始时，先换成背景1，等待 1 秒过渡，使得显示的效果不突兀，接着逐

渐减少虚像特效，让角色显示出来，之后开始做招揽动作，也就是循环切换造型1和造型2，如图3.140所示。

②看热闹的路人们围过来以后，楚国商人开始逐字说话。要想实现这个程序效果，需要新建一个名字叫作"剧本"的列表，将楚国商人要说的每一句话都添加进去，如图3.141所示。

图3.140   图3.141

③制作新的积木，定义一个"逐字说话"函数。在该函数里有两个重要的参数，一个是说话的内容，一个是说话的速度，如图3.142所示。

④给该函数添加功能程序。首先初始化变量的值，将"说话"变量设为空，也就是什么都不填写。这里n变量用来记录字符位置，也就是一句话当中汉字的位置，通常说话是从第一个字开始，那么n的初始值设为1，如图3.143所示。

图3.142   图3.143

 小提示：

0也是一个数字，不代表空。

⑤将一句话逐字地显示出来，也就是一句话中的第 1 个字加上第 2 个字再加上第 3 个字，依次类推，直到一句话说完为止。

⑥使用表 3.34 所示的积木指令，重复执行说话内容的字符数的次数，如"我喜欢老师的课程"这句话总共有 8 个字符，那么就需要重复 8 次。

表 3.34

指令名称	指令用途
apple 的字符数 【运算 -（aplle）的字符数】	获取指定字符串的字符个数。 一个字母、汉字、数字和标点符号都算是一个字符数

每次重复的内容是，将"说话"变量设为"说话"变量加上使用表 3.35 所示的积木指令获取说话内容的第 n 个字符。再使用"说（内容）（时间）秒"积木指令将变量里的说话内容逐渐显示出来，如图 3.144 所示。

例如，第一次重复执行，"说话"变量 = "说话"变量（此时值为空）+ "我喜欢大龙老师的课程"的第 1 个字符，执行完指令后，"说话"变量的值 = "我"，最后将记录字符位置的变量 n 增加 1；第二次重复执行，"说话"变量 = "我" + "我喜欢大龙老师的课程"中的第 2 个字符，执行完指令后"说话"变量的值 = "我喜"，字符位置的变量 n 再增加 1。

依次类推，重复 10 次，这时一句话就逐字说完了。

图 3.144

表 3.35

指令名称	指令用途
apple 的第 1 个字符 【运算 -（apple）的第（1）个字符】	获取指定字符串指定位置的字符

⑦在重复执行里的"说"是逐字说，速度参数越小，说话速度越快，反之越慢。在重复执行结束后的"说"结束后，将完整的说话内容显示2秒，这样逐字说话的函数程序就编写完成了，如图3.145所示。

⑧在第二幕招揽动作的程序后面，根据"剧本"的内容切换造型，并调用逐字说话的函数就可以了，如图3.146所示。

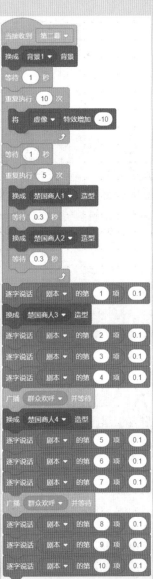

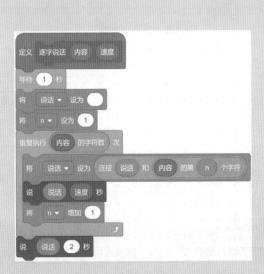

图3.145   图3.146

（3）商人语塞。根据剧情设计，第三幕和第四幕都与楚国商人没有关系，因此直接编写第五幕的程序，也就是楚国商人被提问后"语塞"的程序，如图 3.147 所示。

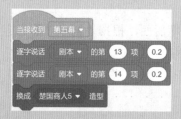

图3.147

4 路人 1 的程序

路人 1、2、3 的程序内容基本是一样的，下面以路人 1 为例来讲解编程过程。

（1）初始化路人 1。将路人 1 设置到一个舞台边缘以外的位置，第二幕开始时路人 1 就可以实现从外面跑过来围观的效果，如图 3.148 所示。

（2）路人 1 出现。第二幕开始，将等待显示的时间设为随机数，使得每个路人过来的先后顺序都不一样，这种情况更符合现实生活，如图 3.149 所示。

图3.148　　　　　　　　　　图3.149

（3）路人 1 欢呼。所有的路人都是"捧场王"，在楚国商人介绍矛和盾时，路人会发出欢呼声，如图 3.150 所示。

图3.150

 小提示：

每个路人的说话内容可以不同。

（4）路人1提出疑问。第三幕开始，路人提出疑问，说话的方式也是逐字显示，如图3.151所示。

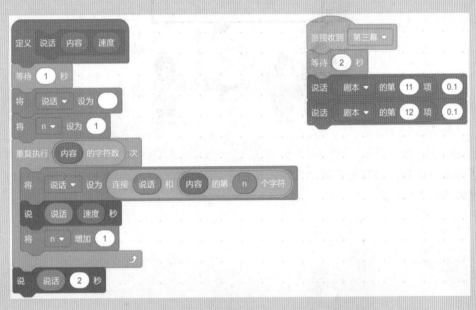

图3.151

（5）路人1离开。第五幕开始，所有的路人等着楚国商人"语塞"后，全部哈哈大笑着离开，如图3.152所示。

图3.152

⑤ 矛和盾的程序

在第四幕开始之前，矛和盾都是隐藏的，当第四幕开始时，先切换为背景 2，再将矛和盾显示出来，如图 3.153 所示。

图3.153

矛和盾出现后，将其左右晃动实现一个简单的动画效果，紧接着长矛（图 3.154）开始攻击盾牌（图 3.155）。

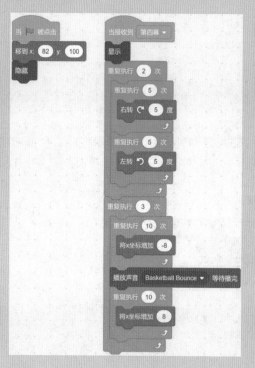

图3.154

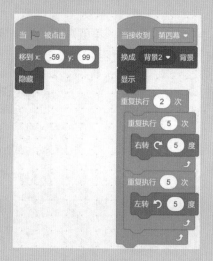

图3.155

6 结尾程序

（1）隐藏结尾。将结尾角色设置到舞台右边缘以外的位置并隐藏，如图 3.156 所示。

（2）结尾出现。当第六幕开始时，结尾角色缓缓从右向左移动到舞台中心位置后故事结束，停止全部脚本，如图 3.157 和图 3.158 所示。

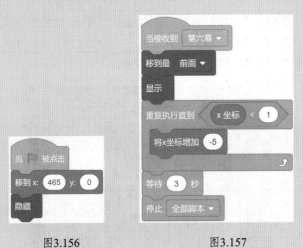

图 3.156   图 3.157

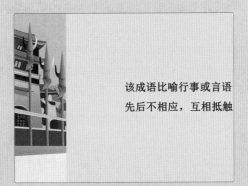

图 3.158

至此，所有的程序就编写完了，还可以添加一些其他装饰角色，如太阳、小鸟等，让故事动画更加饱满有趣。

综合练习5　　唱歌比赛

学校正在举行唱歌比赛，每一位选手会有 10 名评委进行打分。按照去掉一个最高分、去掉一个最低分，再算出平均分的方法，得到该名选手的最终得分（保留 2 位小数）。例如，输入 10 个评委的分数：98、79、100、88、99、68、75、85、60、95，计算出该选手的平均分为 85.88。图 3.159 为综合练习 5 的效果图。

图3.159

① 准备工作

（1）保留默认的小猫角色，添加角色 Singer1。

（2）添加背景 Spotlight。

② 功能实现

（1）点击绿旗，小猫依次询问 10 位评委的分数，例如，"请第 1 位评委打分""请第 2 位评委打分"……"请第 10 位评委打分"。

（2）10 位评委分数打完后，小猫说"去掉一个最高分：××，去掉一个最低分：××，最后得分是：××"。

（3）最终得分要求保留 2 位小数。

综合练习6 **成语接龙**

Devin 随机出一个四字成语，以成语的最后一个字开头接下一个成语，如果输入错误，则游戏结束。图 3.160 为综合练习 6 的效果图。

图3.160

1 准备工作

（1）删除默认的角色小猫。

（2）添加舞台背景：Chalkboard。

（3）添加角色：Devin。

（4）建立列表：成语接龙，并导入"成语正确答案"的数据。

2 功能实现

（1）点击绿旗，在"成语接龙"列表中随机选择一个成语开始，然后等待输入以该成语的最后一个字开头的四字成语。

（2）如果列表中的正确答案包含用户输入的四字成语，那么就说"正确！"，并且继续询问，否则就说"游戏结束！"。

第4章

不要认为只有"计算"的问题才有算法，其实为了解决一个问题而采用的方法和步骤，也可以称为算法。

☞ **本章学习任务：**

- 掌握递归算法。
- 掌握冒泡排序算法。
- 掌握动态规划算法。

案例 36 神奇的大树

这是一棵神奇的大树，可以通过滑块按钮改变大树的大小。图 4.1 为案例 36 的程序效果图。

图4.1

准备工作

图4.2

1. 删除默认的角色小猫。

2. 添加舞台背景：Forest。

3. 绘制角色：画笔，如图 4.2 所示。

功能实现

1. 使用递归算法画出一棵二叉树。

2. 左右滑动滑块，控制树的大小。

亲自出"码"

画一棵递归二叉树

（1）画一棵两个树杈的大树。一个复杂的图形通常是由很多个简单的图形且按照一定

267

的规律组合起来的。本案例中的整个大树是由大小不同的 V 字形树杈组成的，所以 V 字形树杈就是整个大树的最小单元，先将这个最小单元画出来。

①设置画笔的粗细和颜色，向上画出一个树干，如图 4.3 和图 4.4 所示。

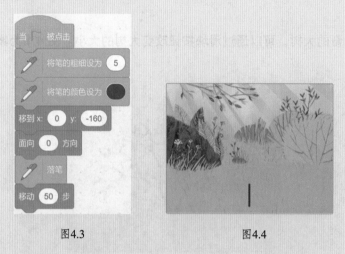

图4.3   图4.4

②为了方便反复绘制 V 字图形，建立一个函数来实现该绘画效果，如图 4.5 所示。

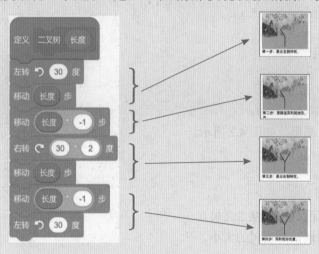

图4.5

③画好树干后，再调用该函数，并将函数参数设置为 50，也就是将树杈的长度设为 50，这样就可以画出一个完整的树杈了，如图 4.6 所示。

（2）调用递归函数。只要不断地在大树杈上画出小树杈，即一层一层地画下去，就是一棵大树了，也就是需要继续调用"二叉树"函数。但是按照之前的调用方法，如图 4.7 所示，并不能实现预想的效果，这是为什么呢？

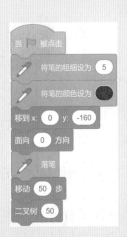

图4.6

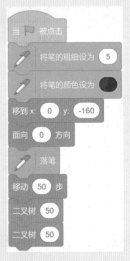

图4.7

是因为函数的功能是确定的，调用两次，也就意味着在相同的位置把 V 字形的图案画了两遍。若想在树权上继续画出小树权，则需要在画完树权后继续调用函数本身，让它接着往下画，如图4.8所示。

图4.8

①第一个左侧树权画完以后，继续调用函数本身，将长度参数设为原来长度的80%，这时大树权就会逐渐变成小树权。例如，首次长度参数为50，左转30度后，移动50步，那么第一个树权的长度就是50，接着函数调用自己本身并将长度参数设为50×0.8=40，函数程序从头开始运行，继续左转30度，这次移动40步，最后再次调用函数本身，依次类推，大树权就逐渐变成了小树枝。

这种自己调用自己的情况称为函数的递归。利用递归策略，只需要少量的程序就能描述出解题过程中所需要的多次重复计算，大大减少了程序的数量。

了解递归算法后，发现这和使用过的"无限循环"是一样的，所以此时的左侧树权正在无限循环地绘制，如图 4.9 所示。

图 4.9（a）所示的效果没有办法画右侧树权了，因此需要给递归加上边界条件，也就是停止调用自身的条件。通过观察会发现，在这个函数里唯一变化的是长度参数，所以可以通过长度来设置条件。例如，当长度大于 20 时，可以递归，每递归一次长度就会减少，当长度不大于 20 时，就不再递归了，在这里，大于号后面的数字越小，递归的次数就越多，那么树枝也会越多，如图 4.9（b）和图 4.9（c）所示。

图4.9（a）

图4.9（b）

图4.9（c）

　　现在左侧树枝已经画好了，下面将编写好的画右侧树权的程序放到递归的下方，如图4.10（a）所示。

　　测试程序效果后出现了一个奇怪的问题，即现在没有画出一棵完整的大树，也没有按照程序流程所示的只能画出一个右侧树权，而是每一个左侧树权都有一个右侧树权，这是怎么回事呢？如图4.10（b）所示。

图4.10（a）

图4.10（b）

　　一般来说，递归需要有边界条件，递归前进段和递归返回段。当不满足边界条件时，递归前进；当满足边界条件时，递归返回。也就是说，当长度大于20时，递归前进，当长度不大于20时，满足边界条件，递归返回。返回的值按照"先进后出"的顺序一个一个代入到递归下方的程序中继续运行。例如，递归结束时，长度的值为 16.384，这是最后一个返回值，所以先带入到画右侧树枝的程序中，这样就可以画出枝头的第一个长度为 16.384 右侧树枝了。接下来按照顺序，依次画出 20.48 长度的树枝，25.6 长度的树枝，32 长度的树枝，40 长度的树枝，50 长度的树枝，这个顺序正好与画左侧树枝时的顺序相反。

②搞清楚递归过程后，将右侧的树杈也加上递归。一定要注意递归的位置，它是在树杈画完后，没有回到初始位置前，如图 4.11 所示，千万不要放错了！

③这样一棵递归二叉树就画完了，如图 4.12 所示。

（3）滑动滑块控制树的大小。

①在程序中由角度和长度来控制树的大小，那么需要新建两个变量，一个是角度变量，另一个是长度变量，然后将它们全部放到程序里的对应位置，如图 4.13 所示。

图4.11

图4.12

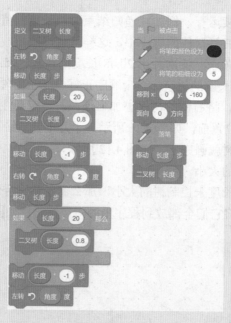

图4.13

若要实现通过连续修改变量来控制二叉树的大小。则需要把画好的二叉树全部擦除，再重新绘制，只要这个过程足够快，就可以实现连续变化了。

②打开加速模式后，在舞台的上方会出现一个类似闪电的标志，这时程序的运行速度就会加快，那么绘画的速度也会加快。

③给画出二叉树的程序加上重复执行，让它循环画出二叉树，如图4.14所示。

④在极短的时间里全部擦除，如图4.15所示。

图4.14

图4.15

⑤将鼠标指针移动到舞台的变量上右击，在弹出的快捷菜单上选择"滑杆"命令，这时就可以通过鼠标左右拖动滑动来控制变量数值的大小。

在滑杆的状态下，继续右击，选择"改变滑块范围"命令，在该命令中可以修改滑块的最大值和最小值，也就是变量的最大值和最小值。变量的修改需要根据实际情况来调整，以确保程序效果的完整性。

⑥将"角度"变量也修改为滑杆模式，并修改滑块范围，如图4.16所示。

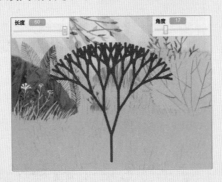

图4.16

至此，所有的程序就编写完了，别忘了保存哦。

练一练

1. 运行下列程序，关于角色运动状态说法正确的是？【答案：A】

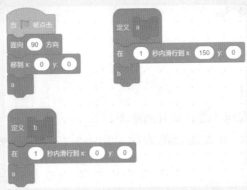

A. 角色会在（0，0）和（150，0）两点间来回不停地移动

B. 角色从（0，0）移动到（150，0）的位置后，再移动到（0，0）的位置，然后静止不动

2.运行下列程序后，角色说出的最后一组数字是多少？【答案：B】

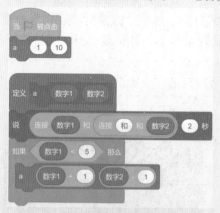

A. 说"4和5"　　　　　　　　　　B. 说"5和6"

举一反三 "n 的阶乘"

要求：

1. 点击绿旗，小猫询问"要计算几的阶乘？"。

2. 输入任意数字后，通过递归的方法得出阶乘的结果，然后说"××的阶乘是××"。

扫一扫，看视频

扫一扫，看视频

案例37　鸡蛋守卫者

无数颗小球在舞台上没有规律地快速移动，需要用鼠标控制鸡蛋不被小球击中，比一比看谁保护鸡蛋的时间最长。图 4.17 为案例 37 的程序效果图。

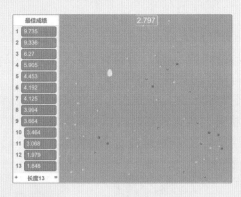

图4.17

准备工作

1. 删除默认的角色小猫。

2. 添加任意纯色舞台背景。

3. 添加角色：egg 和 ball，并将角色大小分别设置为 30 和 11。

4. 新建列表：最佳成绩。

功能实现

1. 按下空格键，鸡蛋跟随鼠标指针移动，并且不可以超过 4 个边界，左边界为列表的右边柜，如图 4.18 所示。

2. 按下空格键从舞台上方和下方分别出现 30 颗小球，然后无规律地快速移动，并且不可以移动到舞台以外的位置。

3. 按下空格键开始计时，如果鸡蛋碰到小球，鸡蛋裂开，并将所用时间记录到"最佳成绩"列表

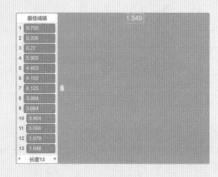

图4.18

中后停止全部脚本。

4.列表里的数据需要按照从大到小的顺序排列，并且只保留前 13 名的成绩。

亲自出"码"

1 小球的程序

（1）开始计时。当按下空格键后，计时器归零，然后新建一个"时间"变量，并将"时间"变量的参数循环设为计时器，最后将舞台上的"时间"变量设置为大字显示，再将变量拖动到合适的位置就可以了，如图 4.19 所示。

（2）克隆小球。按下空格键，然后在舞台的上边和下边分别克隆 30 个小球。当作为克隆体启动时，小球面向随机方向快速地移动，如果碰到鸡蛋，那么将时间变量加入最佳成绩列表中，然后广播"开始排名"，随后删除这个克隆体，如图 4.20 所示。

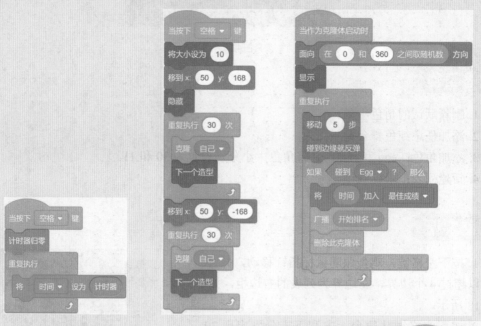

图4.19 　　　　　　　　　　　　　　　　图4.20

（3）删除克隆体。小球接收到"开始排名"的消息后停止计时程序，并删除所有克隆体，如图 4.21 所示。

图4.21

2 鸡蛋程序

（1）鸡蛋移动。按下空格键后，初始化鸡蛋的大小和造型，将鸡蛋移动到靠近列表右边框的位置，在这里记录一个 x 的坐标值，值大小为 –127。如果鸡蛋在跟随鼠标移动过程中产生的坐标值小于 –127，那么将 x 坐标设为 –127，这样鸡蛋就不会超过左边界了，如图 4.22 所示。

（2）停止移动。当接收到"开始排名"的消息时，就说明游戏结束了。此时需要先停止移动程序，将鸡蛋换成破碎的造型后播放一个简单的音效，如图 4.23 所示。

图4.22

图4.23

3 排序程序

（1）由于排序程序本身没有角色演示效果，所以可以将程序编写到舞台背景中，当然也可以新建一个空白角色用来编写程序。

接收到"开始排名"的消息后，需要使用冒泡排序算法按照数字大小依次从大到小地排序。

在编写排序程序之前，首先要搞清楚冒泡排序的过程。

假设现在列表中一共有 5 个数字，分别是 1、2、3、4、5，需要从左到右通过两两比较的方法将最小的数字排到最右边。

第一轮比较开始。

第一轮 1 次：2，1，3，4，5。

第一轮 2 次：2，3，1，4，5。

第一轮 3 次：2，3，4，1，5。

第一轮 4 次：2，3，4，5，1。

第一轮经过 4 次比较后，最小的数字 1 已经排在了最右边。

第二轮只需要比较第一轮排序结果的前 4 个数字就可以了，因为最小的数字已经排在了末尾。

第二轮 1 次：3，2，4，5，1。

第二轮 2 次：3，4，2，5，1。

第二轮 3 次：3，4，5，2，1。

第二轮只比较了 3 次，就得到了排序结果。

第三轮只需要比较第二轮排序结果的前 3 个数字就可以了。

第三轮 1 次：4，3，5，2，1。

第三轮 2 次：4，5，3，2，1。

第三轮只比较了 2 次，就得到了排序结果。

第四轮只需要比较第三轮排序结果的前 2 个数字就可以了。

第四轮 1 次：5，4，3，2，1。

第四轮只比较了一次，就得到了最终的排序结果。

经过四轮的排序发现以下两个规律。

规律 1：5 个数字用了 4 轮比较，也就是（项目数）−1 轮。

规律 2：每轮比较的次数比上一轮少 1 次，也就是（次数）每次递减 1，这里的（次数）又恰巧等于（项目数）−1，代入后就是 [（项目数）−1] 每一轮再递减 1。

按照这个规律，接下来开始编写排序程序。

（2）新建变量 i 来记录数字的位置，再建立变量 temp 临时保存交换数字。

①将 i 变量设为 1，如果列表的第 i 项小于列表的第 i+1 项，也就是说前一个数字小于后一个数字，那么先将 temp 临时变量设为列表的第 i 项，然后将列表里的第 i 项替换为列表里的第 i+1 项，再将列表里的第 i+1 项替换为 temp 变量的值，这样完成一次比较后，将 i 增加 1，准备进行第 2 次比较，如图 4.24 所示。

例如，对于 1、2、3，第 1 项小于第 2 项，先将第 1 项临时存放在临时变量里，然后把第 1 项替换为第 2 项，此时就是 2，2，3，最后将第 2 项替换为临时变量里的值，此时就是 2，1，3。

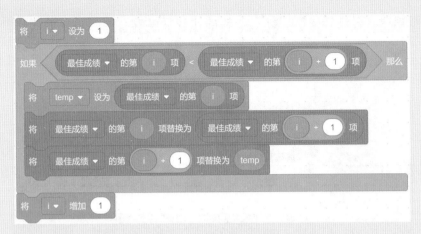

图4.24

②建立一个变量 a 用来设置每一轮比较的次数，如图 4.25 所示。

图4.25

③重复执行 a 次为 1 轮，1 轮结束后，将 a–1 后再进行下一轮比较，如图 4.26 所示。

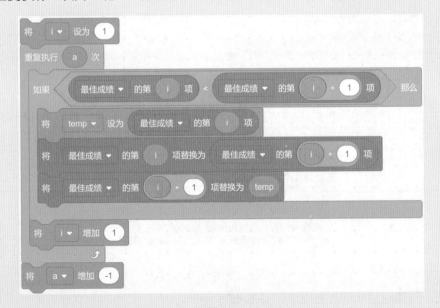

图4.26

④按照规律，再进行（项目数）–1 轮的比较后，就会得到最终的排序结果了，如图 4.27 所示。

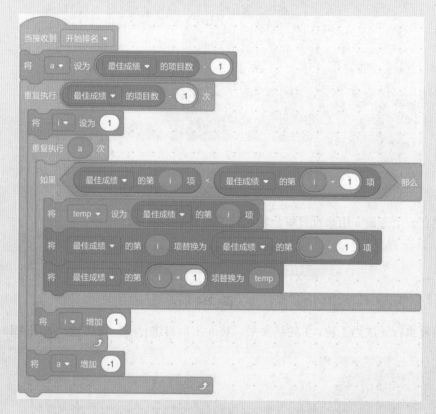

图4.27

⑤由于要求只需要保留前 13 名的成绩，也就是说只需要保留列表的前 13 项数字，第 13 项以后的数字需要全部删除，这样能够节省排序所花费的时间。可以通过循环从后向前删除，直到项目数小于 14 后停止，如图 4.28 所示。

图4.28

至此，排序程序就编写完成了，如图 4.29 所示。

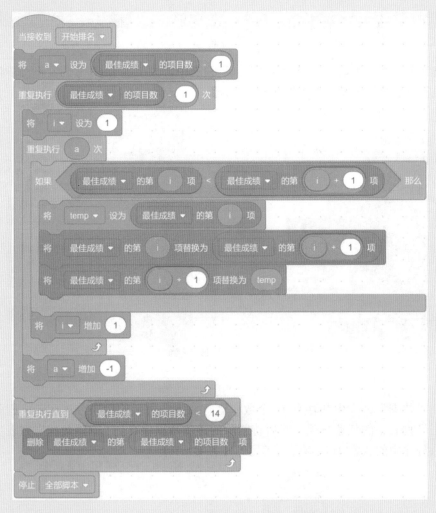

图4.29

最后加上一个有趣的背景音乐，让游戏变得更加好玩吧。

练一练

1. 数学老师将全班数学成绩录入"数列"列表中，大于等于 60 分为及格，下列哪个程序可以统计出及格人数？【答案：A】

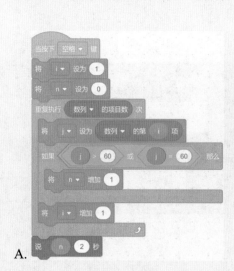

A.

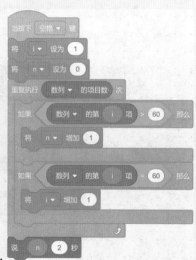

B.

2. 在"数据"列表中共存有 10 个数，运行如下图所示的程序，实现随机删除"数据"列表中的任意一项，然后将删除的该项数据保存到"删除数据"列表中。那么程序中的 A 和 B 应该分别填写？【答案：B】

A. 删除数据▼ 的项目数，在 1 和 10 之间取随机数

B.10，在 1 和 数据▼ 的项目数 之间取随机数

举一反三"卡片查询系统"

要求:

1. 在列表中添加 5 个卡片名称和对应的 5 个战力值。

2. 按下空格键后,机器人询问"请问要查询哪张卡牌?"

3. 如果输入的卡片名称没在"卡片名称"列表中,机器人说"输入错误",2 秒后程序结束。

4. 如果输入的卡片名称在"卡片名称"列表中,机器人可以根据给定的卡片名称,查询出对应的战力值。

5. 对战力值进行降序排列(从高到低排序),并说出该战力值的排名。

6. 该系统可以反复查询。

案例 38   挑战 0 元购

商城搞活动，总共有 4 个活动物品，它们的重量和价值都不一样，每个物品只能选择一次，只要你能在规定的重量范围内，装到最大价值的物品，那么你就可以带走它，快来挑战吧！图 4.30 为案例 38 的程序效果图。

图 4.30

准备工作

1. 删除默认的角色小猫。

2. 上传舞台背景：商城背景。

3. 上传角色：导购员、手提包。

4. 添加任意 4 件实物物品：Crystal、Laptop、Microphone、Soccer ball，并放到对应的货柜位置。

功能实现

1. 当绿旗被点击后，导购员介绍购物规则。

2. 当绿旗被点击后，物品显示在货架的固定位置，物品被单击后隐藏。

3. 选择好物品后，单击手提包开始判断选择的物品价值是否是最大价值，如果是最大价值，选择结束，停止全部脚本。如果不是最大价值，给出提示，继续选择。

亲自出"码"

1 4 件物品的程序

4 件物品的程序效果是一样的，所以程序的编写方法也是一样的，以 Crystal 角色为例来演示程序编写过程。

（1）设置角色初始位置并显示，如图 4.31 所示。

（2）选择物品。导购员介绍完规则后发出"选择"消息，当物品接收到消息后开始运行程序，让物品可以被单击选择。由于每个物品只能被选择一次，所以物品被单击后需要隐藏，并且将物品的重量和价值增加到对应的变量中后停止运行程序，如图4.32所示。

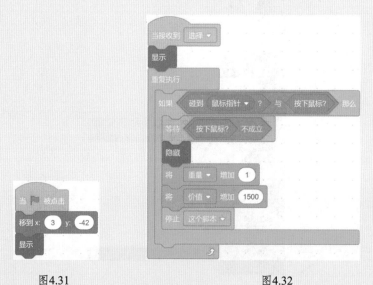

图4.31   图4.32

　　其余3件物品在编写程序时需要注意，重量和价值变量增加的数值要与物品摆放的位置对应，如图4.33（Laptop）、图4.34（Microphone）和图4.35（Soccer Ball）所示。

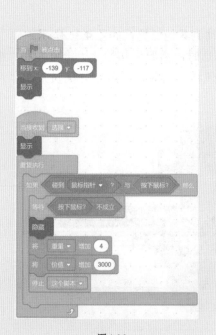

图4.33

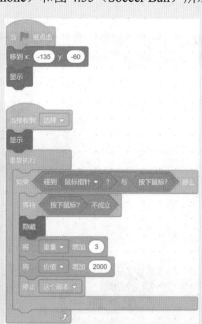

图4.34

图4.35

② 手提包程序

（1）设定一个固定位置，预防被单击时移动到其他位置，如图 4.36 所示。

（2）发出判断消息。当接收到"选择"消息时，需要先初始化"价值"和"重量"两个变量的值，将它们的值设为 0，然后当手提包被单击时，需要给导购员发出"判断最大价值"的消息，如图 4.37 所示。

图4.36

图4.37

3 导购员的程序

（1）介绍规则。当程序开始运行时，需要介绍"0元购"的规则，然后广播"选择"的消息，也就是说，在规则没有介绍完之前，物品是不能被选择的，如图4.38所示。

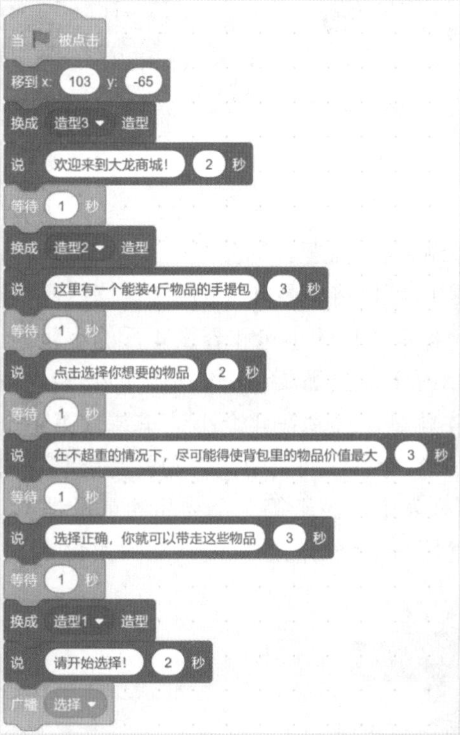

图4.38

（2）计算最大价值。帮导购员计算出标准"最大价值"，再和玩家选择的最大价值做比较，如果符合标准则选择正确，如果不符合标准，就说明选择错误。

那么标准的"最大价值"该如何计算呢？通常需要把大的问题拆分成小的问题，通过寻找大问题与小问题之间的关系，先解决一个个小问题，最终达到解决大问题的目的，这就是动态规划算法。在解决问题的过程中，需要记住每一步的子问题答案，然后将这些答案带到新的问题中，所以可以将用动态规划解决问题的核心看作填写表格，表格填写完毕，最优解也就找到了。

①运用这个思路，先建立3个列表，分别是"重量""价值"和"1个物品"，然后将物品的重量添加到"重量"列表中，接着将物品的价值按照"重量"列表的顺序一一对应添加到"价值"列表中，如图4.39所示。

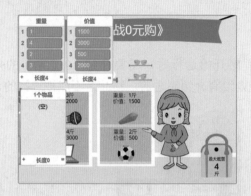

图4.39

②现在开始将大问题分解为小问题。物品是一个一个被装进手提包里的，那么手提包也是被一点一点装满的，所以可以将容量4斤的手提包分解成4个小包，分别为容量1斤的小包、容量2斤的小包、容量3斤的小包和容量4斤的小包。

在只装第1个物品的情况下，只需要考虑它是否能够装进对应的小包里就可以了。因此，寻找最优解对应的程序就是，分别在4个小包里装入第1个物品，如果装不进去价值就是0，并将数字0加入"1个物品"列表中；否则就是能装进去，此时应将第1个物品的对应价值加入"1个物品"列表中。由于第1个物品的重量是1，所以4个小包都可以装进去，那么此刻的最大价值就是第1个物品的价值，如图4.40和图4.41所示。

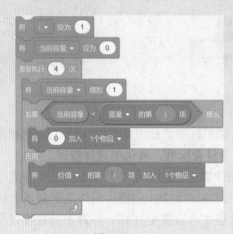

图4.40

图4.41

③新建了2个变量，即"当前容量"和i，"当前容量"变量用来保存小包的容量，初始值为0，每次增加1，最大容量为4。i变量用来保存物品的个数，初始值为1。

④看2个物品的情况，同样先建立一个"2个物品"列表，这次依然是先判断第2个

物品能不能装到小包里。如果不能，则当前最大价值就是第 1 个物品的价值，也就是需要将"1 个物品"列表中的对应数据放到"2 个物品"列表中。

如果第 2 个物品能够装入小包，则需要先判断能不能同时装入第 1 个和第 2 个物品。如果不能同时装入，则再判断哪个物品的价值更大，将价值最大的加入"2 个物品"列表中。

如果能同时放入两个物品，则直接把第 2 个物品放入，最大价值就是第 1 个物品的价值加上第 2 个物品的价值。

由于每个物品都需要从最小包开始装，所以"当前容量"变量每次都需要初始化为 0。

i 变量增加 1，就是第 2 个物品，如图 4.42 和图 4.43 所示。

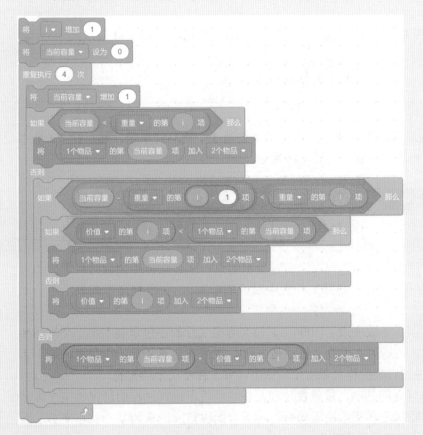

图4.42

图4.43

运行程序后，发现"2 个物品"列表的前 3 项都是 1500，第 4 项变成了 3000。这是因为第 2 个物品的重量是 4，前 3 个小包都装不下。到第 4 个小包时，因为只能装下 1 个物品，经过比较第 2 个物品的价值大于第 1 个物品，所以将第 2 个物品的价值加入 "2 个物品"
列表中，那么此时最大价值就是 3000。

⑤ 看 3 个物品的情况，依然要建立一个 "3 个物品" 列表，这次的规则和装 2 个物品
时的情况基本类似。

首先判断第 3 个物品能不能单独装在小包里，如果不能，则将 "2 个物品" 列表中的
对应数据放到 "3 个物品" 列表里。

如果第 3 个物品能够单独装进小包里，那么需要继续判断小包能不能同时装进 3 个物
品。如果可以，最大价值就是 "2 个物品" 列表中的当前容量项，加上第 3 个物品的价值。

如果不能同时放下 3 个物品，就需要判断哪种组合的价值更大，然后将价值最大的加
入 "3 个物品" 列表中。

此刻 "2 个物品" 列表中的每一项都是当前容量的最大价值，如图 4.44 所示。

图 4.44

现在只要第 3 个物品的价值，加上当前容量减去第 3 个物品的重量，然后在 "2 个物
品" 列表中找到能放入物品的价值，如图 4.45 所示。

图 4.45

所得结果如果大于 "2 个物品" 列表当前容量项的值，那么就将相加后的最大值加入
"3 个物品" 列表中，否则将 "2 个物品" 列表中对应的值加入 "3 个物品" 列表当中，如
图 4.46 和图 4.47 所示。

运行程序后，看到第 3 个数变成了 2000，说明在容量 3 斤的小包里装下第 1 个物品和
第 3 个物品的价值最大。之后第 4 个数字依然是 3000，说明在容量 4 斤的小包里，装下第
2 个物品的价值最大。通过这步操作可以看出，这个计算过程是完全动态的。

最优性原理是动态规划的基础。最优性原理是指 "多阶段决策过程的最优决策序列具
有这样的性质：无论初始状态和初始决策如何，对于前面决策所造成的某一状态而言，其
后各阶段的决策序列必须构成最优策略"。

图4.46

图4.47

⑥看下 4 个物品的情况，依然要新建一个"4 个物品"列表。这次的规则和装 3 个物品时的情况基本类似。

首先判断第 4 个物品能不能单独装在小包里，如果不能，则将"3 个物品"列表中的对应数据放到"4 个物品"列表里。

如果第 4 个物品能够单独装进小包里，则需要继续判断小包能不能同时装进 4 个物品。如果可以，最大值就是"3 个物品"列表中的当前容量项，加上第 4 个物品的价值。

如果不能同时放下 4 个物品，则需要判断哪种组合的价值更大，然后将价值最大的加入"4 个物品"列表中。通过规则描述发现，只要把原来的第 3 个物品变成第 4 个物品，"2 个物品"列表变成"3 个物品"列表就可以了，如图 4.48 和图 4.49 所示。

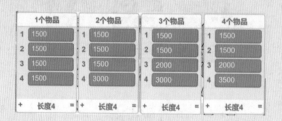

图4.48

1个物品		2个物品		3个物品		4个物品	
1	1500	1	1500	1	1500	1	1500
2	1500	2	1500	2	1500	2	1500
3	1500	3	1500	3	2000	3	2000
4	1500	4	3000	4	3000	4	3500
+	长度4 =	+	长度4 =	+	长度4 =	+	长度4 =

图4.49

这时"4 个物品"列表的第 4 项变成了 3500，而不是之前的 3000。也就是说，在容量 4 斤的手提包里装下了 2 个物品，一个是重量为 3 斤、价值为 2000 的麦克风，一个是重量为 1 斤、价值为 1500 的水晶，这两个物品相加的结果大于重量为 4 斤的笔记本电脑，所以"4 个物品"列表的最后一项就是在容量 4 斤的手提包里可以装下的物品最大价值。

这就是整个动态规划计算的过程，这里为了讲解方便对其进行了分段描述，其实可以把所有的列表创建完之后，将所有的程序按顺序连接到一起，这样直接运行程序就能得到对应的答案。一定要记得在程序开始运行时先初始化列表，这样就可以清晰地观察每一个列表的变化了。

　　整个动态规划计算的过程与加入数据的顺序无关，用户可以自己尝试改变物品的顺序，看看结果有没有变化。当然也可以修改物品的重量、价值，看看最后是不是能够得到一个最优解。

　　（3）判断选择结果。判断玩家选择的价值是否等于最大价值，这个程序还是比较简单的。首先判断玩家的选择是否超重，在不超重的情况下再判断玩家选择的价值是否等于刚才计算出的最优价值，也就是"4个物品"列表的最后一项，如图4.50所示。

图4.50

　　至此，所有的程序就编写完了，别忘了保存哦。

练一练

1. 执行下列程序后，"学科列表"的内容是？【答案：A】

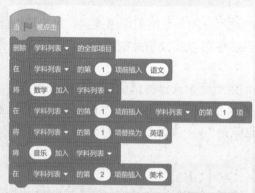

A.

B.

2. 小猫去超市购物，结账时发现了几个重复的物品，需要将"商品清单"中重复的物品剔除。运行以下哪个选项的程序可以保证"商品清单"中的物品仅出现一次？【答案：B】

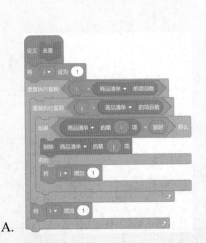

A.

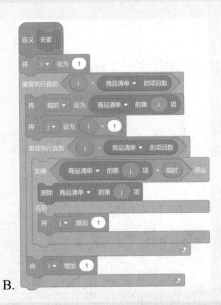

B.

举一反三 "小青蛙上楼梯"

一只青蛙一次可以跳上 1 级台阶，也可以跳上 2 级台阶。请问这只青蛙跳上一个 n 级的台阶总共有多少种跳法。

扫一扫，看视频

要求：

1. 上传舞台背景：Greek Theater。

2. 上传角色：Frog。

3. 点击绿旗，青蛙询问"请说出楼梯数：***"。

4. 输入数字后，青蛙说出"** 阶楼梯，总共有：*** 种上法"。

第5章

从 0 到 1 的设计一个程序。

👍 本章学习任务：

- 掌握程序设计的流程。
- 能够完整地设计一个多角色的程序。
- 掌握解决问题的方法。

案例39 赛龙舟

学了这么多的案例，自己还是不会做怎么办？每个积木指令都学会了，可还是不知道怎么设计一个完整的程序？该如何从 0 到 1 设计一个 Scratch 程序呢？

下面以"赛龙舟"为主题，从无到有地设计一个完整的程序。

1 确定大方向

"赛龙舟"是我国传统节日"端午节"最重要的节日民俗活动之一，它既是一个竞技比赛，也是一个传统文化的展示。如果想要以"赛龙舟"为主题设计一个程序，首先要做的就是确定方向，是做一个"赛龙舟"的游戏？还是与"赛龙舟"相关的知识问答？或者是"赛龙舟"的历史文化展示动画等其他方向，具体方向如图 5.1 所示。

图5.1

2 确定目标

每一个方向都可以划分不同的小目标。例如，游戏方向里可以分为敏捷类游戏（代表案例：接红包游戏）、竞速类游戏（代表案例：赛车游戏）、益智类游戏（代表案例：拼图游戏）以及其他游戏类型，如图 5.2 所示。

图5.2

知识问答方向里可以分为选择题类型、填空题类型以及其他类型，如图 5.3 所示。

故事动画大概可以分为交互式动画、幻灯片式动画、人物场景式动画以及其他类型，如图 5.4 所示。

确定好目标后，设计程序的思路就明确了。

图5.3　　　　　　　　　　　　　　　　　　图5.4

③ 所需角色

以游戏为方向、竞速类游戏为目标，设计一款"赛龙舟"的游戏。下面需要思考在一个赛龙舟的游戏中都需要哪些主要角色，在思考的过程中将自己当成一个正在玩游戏的玩家就可以了，如图5.5所示。

思考1：玩家控制什么角色？

答：龙舟。角色：龙舟角色。

思考2：在什么地方划龙舟？

答：河流。角色：河流背景角色。

思考3：游戏怎么开始？

答：倒计时开始。角色：发令员角色。

思考4：游戏怎么结束？

答：到达终点后结束。角色：终点线。

思考5：如何判断成绩？

答：在距离相同的条件下，用时最短的获胜。角色：距离标志角色、计时器角色。

思考6：不会操作怎么办？

答：设置操作提示。角色：操作提示角色。

思考7：怎么增加游戏难度？

答：在河流里增加障碍物。角色：石头。

思考8：如何判断谁的成绩是最好的呢？

答：设置最佳成绩的提示。角色：破纪录提示角色、鞭炮角色。

思考9：要不要设置游戏封面？

答：要。角色：封面。

思考10：怎么进入游戏？

答：单击游戏开始按钮。角色：按钮。

图5.5

4　程序设计

多角色的程序通常编写起来会比较复杂，而且容易出错，所以需要分批次进行编写测试，这样可以减少出错的概率，程序也更加容易编写。

下面将整个程序分成两部分，第一部分为核心功能，第二部分为辅助功能。那么对于"赛龙舟"游戏，哪些是核心功能，哪些是辅助功能呢？

核心功能就是整个游戏的核心，没有这些功能游戏就不能玩了，这样看来，龙舟的移动程序就是核心功能。对于"赛龙舟"的游戏，如果龙舟不能移动，则该游戏就废了。接着就是河流背景的移动程序，龙舟快速地移动，背景也要跟着一起移动，如果只有龙舟在动，背景不动，那就太假了，游戏效果太差。如果龙舟一直移动，可以绕地球800圈，则该游戏也很无聊，既不知道龙舟的位置，也不知道什么时候到达终点，一个没有结果的游戏，就像人生没有目标一样，所以距离标志和终点线的程序也是核心功能。之前有人花了80天环游世界，后来又有人花了180天环游世界，那么谁更厉害呢？当然是用了80天环游世界的人更加厉害，所以计时器的程序也是核心功能。如果没有计时器程序，则失去了竞速游戏的乐趣了。

核心功能明确后，其余都是锦上添花的辅助功能，没有这些功能，游戏也能正常玩，有了这些功能，可以让游戏更加完整有趣。例如，将点击绿旗开始游戏的方式改为发令员倒计时开始，这样游戏就更加完整了。另外，快速划动龙舟的游戏玩腻了，还可以挑战障碍物模式以增加划龙舟的难度。

经过这样的对比，大家是不是已经很清楚地分辨核心功能和辅助功能了。简单的一句话就是，没有这个功能就不行，它就是核心功能。这个功能有没有都无所谓，它就是辅助功能。

核心功能：龙舟移动，河流背景移动，距离标志移动，终点线，计时器，如图5.6所示。

辅助功能：发令员开始，游戏操作提示，障碍物，结果提示，游戏封面，如图5.7所示。

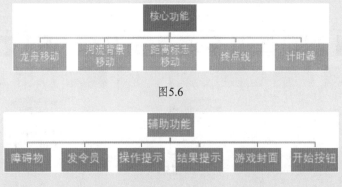

图5.6

图5.7

核心功能和辅助功能分清楚后，下面将这些功能里的每个程序做一个初步的设计。

（1）核心功能。

龙舟移动：在现实生活中，需要划手用力划动船桨，带动龙舟向前移动，划手的力量越大，龙舟的移动速度就越快。在龙舟移动的程序中，也可以参照这样的方式，用推力控制龙舟角色移动，推力越大移动速度越快，推力为0时龙舟停止移动。同时操控龙舟移动的方式可以设为两种：一种是按下键盘上的按键增加推力，另一种是移动鼠标或者按下鼠标键增加推力，但是哪一种更贴近划动船桨的方式呢？当然是来回移动鼠标了，就像一位划手拿着船桨划船一样。

河流背景移动：现实生活乘坐各种交通工具时，移动速度越快，窗外的景色向相反方向移动的速度就越快，如果停止移动，则窗外的景色也会同时停止。河流背景的移动也是如此，龙舟速度越快，河流背景向相反方向移动的速度也就越快，反之移动的速度也就越慢或者停止。也就是说河流背景的移动与龙舟的移动是有着密切的联系。

距离标志移动：现实生活中，在操场上跑步，操场的有些跑道上会标注多个距离标志，跑的速度越快，那么距离标识向相反方向移动也就越快。距离标志的移动程序与河流背景的移动程序编写思路是一样的，龙舟速度越快，那么距离标志向相反方向移动也就越快。

计时器：通常计时器要醒目地显示在舞台上。比赛开始，计时器开始计时，到达终点后，计时器停止计时，并将时间数据存储到列表中，由于竞技比赛的结果是看谁用时最短，所以需要将列表中的数据进行降序排序。

终点线：在现实生活中，终点线都是在终点的位置，撞线后就说明到达了终点。与现实生活中一样，龙舟向着终点移动，终点线的位置小于或等于龙舟的位置后，就说明龙舟撞线到达终点了。

（2）辅助功能。

发令员：进入游戏后，开始倒计时3、2、1，发令员发送比赛开始的命令。

游戏操作提示：通常会在什么情况下提示游戏操作呢？当然是在玩家不会操作的时候，那么该如何判断玩家不会操作呢？也就是玩家角色停止不动，或者移动的速度很慢，这时就需要给出正确的操作提示。

障碍物：障碍物的程序效果与距离标志移动的程序效果基本上是一样的，区别在于障碍物是随机出现在河流上的。

结果提示：如果比赛用时小于计时器列表的第一项，那么就是打破最高纪录了，这时就要提示"破纪录啦！"，然后放鞭炮。如果比赛超时，就需要提示"再来一次"。

游戏封面：程序开始运行时，显示游戏封面；进入游戏后，游戏封面隐藏。

开始按钮：程序开始运行时，显示在封面上面，单击后进入游戏并隐藏。

可以看到，初步设计程序时，大多参考了日常生活中的所见所闻，这也说明所谓的灵感来源于生活。当遇到一些难题时，可以多参考生活中的例子，然后在程序中合理实现就可以了。

5 编写程序

按照初步设计好的程序开始编写程序。首先上传核心功能的角色（图5.8）和背景（图5.9），并将角色调整至合适的大小和位置，如图5.8和图5.9所示。

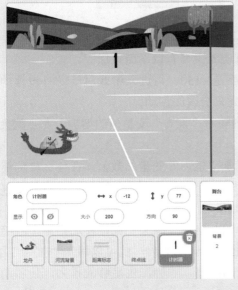

图5.8

图5.9

（1）龙舟的程序。

①设置龙舟的图层、大小和显示状态，如图 5.10 所示。

②龙舟显示。先预设一个"当接收到（进入游戏）"事件指令，这样在编写"开始"按钮程序时，就不用再替换事件指令了。

接着给龙舟设置一个固定的始发位置，然后新建一个"推力"变量，并初始化为 0。在比赛开始前，还没有划龙舟时，那时龙舟的推力就是 0，将其显示出来，如图 5.11 所示。

③龙舟移动。预设一个"当接收到（开始）"事件指令，这样在编写发令员的程序时，就不用再替换事件指令了。

龙舟的位置与推力有关，推力越大，则龙舟在 x 轴上的位置就越靠右，所以需要重复地将龙舟的 x 坐标设为"推力"–150，如图 5.12 所示。

图5.10　　　　　　　　　图5.11　　　　　　　　　图5.12

在这里为什么要将 x 坐标设为"推力"–150 呢？主要有以下两点原因。

第一点：推力的初始值为 0，再减去 150，就是 –150，与进入游戏时给龙舟设置的初始位置是一致的，如果不一致，在比赛开始时，龙舟会瞬间移动。

第二点：如果将 x 坐标直接设为"推力"，则随着"推力"变量值的增加，龙舟就会划出右边缘，这样导致程序效果不美观。

④增加推力。若想让龙舟动起来，则需要增加"推力"变量的数值。在什么样的情况下才会增加推力呢？根据初步设计的程序，需要移动鼠标的时候增加"推力"，也就是移动鼠标，是增加推力的前提条件。就像划船一样，划动船桨是给船增加推力的前提条件。

新建一个"鼠标移动距离"变量，对"鼠标的 x 坐标"减去"鼠标移动距离"取绝对值，也就是两个数相减后都取正数，如果这个正数大于某个数，就可以增加"推力"了。就像划船一样，要使劲把船桨在水面上划出一定的距离，才会产生足够的推力，让船动起来，如图 5.13 所示。

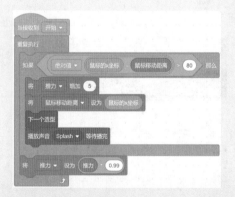

图5.13

　　"鼠标移动距离"的初始值为 0，当"鼠标的 x 坐标"大于 80 或小于 –80 时，推力才会增加。将"鼠标移动距离"的数值设为"鼠标的 x 坐标"，如果这时停止移动鼠标，那么"鼠标移动距离"变量的数值就等于"鼠标的 x 坐标"的数值，这时两个数相减的结果等于 0，因为不大于 80，所以推力不会增加。当推力不再增加时，由于水的阻力，龙舟向前的推力就会逐渐减少，将"推力"变量设为"推力"乘以 0.99，乘数越小，"推力"减少越快。因此，需要不断地左右来回移动鼠标增加推力，这样龙舟才能保证不断前进。

　　⑤划水声。划龙舟时，会有划动船桨的动作和划水的声音；当停止划龙舟时，动作和水声也会停止。游戏中也需要添加这样的效果，这会使游戏更加真实。那么该如何编写这个程序呢？通常会这样编写，如图 5.14 所示。

　　测试程序效果后会发现，龙舟的移动速度很慢，而且有些卡顿。这个问题是由"播放声音（）等待播完"的积木指令引起的，那么解决的办法就是换成"播放声音（）"的积木指令，如图 5.15 所示。

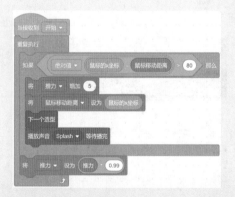

图5.14

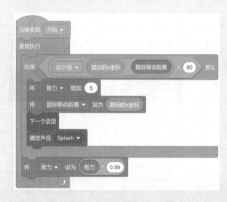

图5.15

　　这样修改之后速度慢的问题是解决了，但是新的问题又出现了，那就是划水声像"冲锋枪"一样发出连续响声。这个问题又该如何解决呢？首先经过这两次的程序修改后发现，划水声的程序和增加推力的程序不能编写在一起，需要分开编写。其次为了让游戏更加真实，移动鼠标的同时要发出划水的声音，鼠标停止移动时划水声也要随之停止。为了实现这一程序效果，下面将新建一个"划动船桨"的变量，用来记录鼠标的移动状态，然后修改图5.13的程序，将"划动船桨"的变量放到增加推力的程序中，移动鼠标时将"划动船桨"的变量设为 1 表示鼠标正在移动，停止时将"划动船桨"的变量设为 0 表示鼠标停止移动，如图 5.16 所示。

接下来只需要连续判断鼠标的移动状态，也就是"划动船桨"的变量是否等于 1 就可以了，如图 5.17 所示。

图5.16   图5.17

⑥变换赛道。通常在游戏中看到障碍物时，需要通过某个操作进行躲避，在赛龙舟时，也需要躲避障碍物。现在龙舟已经可以通过移动鼠标的方式快速前进，下面为了操作方便，可以使用键盘上的按键控制龙舟上下变换赛道躲避障碍物。

经过观察发现，龙舟可以变换的赛道只有 2 个（向上会被计时器遮挡，向下会进入下边缘），如图 5.18 和图 5.19 所示，所以只需要考虑如何上下变换这两个赛道就可以了。

图5.18   图5.19

使用空格键控制龙舟上下变换赛道，按下空格键向上移动，再按下向下移动。若想实现一个按键控制两种状态的程序效果，则需要新建一个"龙舟赛道"变量，用该变量记录赛道的位置，通过变量的变化让程序跳转到不同的部分。将"龙舟赛道"变量的初始值设为1，当变量值为1时，也就是下面的赛道，这时要想变换赛道只能向上变换。那么向上移动的条件就是，如果按下空格键，并且"龙舟赛道"等于1时龙舟的y坐标就需要增加，移到上面的赛道。当龙舟到达上面的赛道后，就需要立刻将"龙舟赛道"变量设为2，这样向上移动的条件就不再满足。而向下移动的条件就是，如果按下空格键，并且"龙舟赛道"变量等于2，龙舟的y坐标就需要减少，移到下面的赛道，然后立刻将"龙舟赛道"变量设为1，这样向下移动的条件就不再满足，如图5.20所示。

⑦碰撞效果。在变换赛道，躲避障碍物的过程中，如果不小心碰到了障碍物，则龙舟可以显示一个碰撞后的特效，用来增加游戏的视觉效果，并提醒玩家撞到了障碍物。先预设一个"撞到龙舟"的消息，再做一个简单的特效增减，如图5.21所示。

图5.20

图5.21

⑧停止移动。预设一个"当接收到（到达终点）"事件指令，达到终点后，停止划船，

所以要停止龙舟角色的其他脚本，如图 5.22 所示。

（2）河流背景移动程序。

由于舞台背景是不能移动的，所以需要将背景添加到角色里，给角色编写移动的程序。

①设置背景图层。无论是舞台背景，还是角色背景，通常只要是背景就都是在最底层，这样才不会盖住上面的角色，如图 5.23 所示。

图5.22　　　　　　　　图5.23

②克隆背景角色。若想实现河流背景的移动效果，则需要两个背景交替着从舞台的右边缘向左边缘移动，如图 5.24 所示。

背景 A 向左移动的同时背景 B 跟着一起向左移动，一旦背景 A 进入左边缘，就立刻回到右边缘继续跟着背景 B 向左移动，这样重复交替移动，就可以实现背景移动的效果了。

现在只有一个河流背景的角色，可以需要通过克隆的方式，产生两个河流背景的克隆体，从而让两个克隆体交替着从右向左移动。

由于两个河流背景的移动位置是不一样的，所以需要两个独立的克隆体，那么就要新建两个"仅适用于当前角色"的变量，一个是"背景克隆体移动"变量，另一个是"背景克隆体 x 坐标"变量。

当接收到开始消息时，克隆两次河流背景，每次将"背景克隆体 x 坐标"变量增加468，如图 5.25 所示。

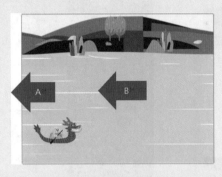 

图5.24　　　　　　　　图5.25

这里的 468 是角色在舞台最右侧的 x 坐标数值，如图 5.26 所示。

图5.26

③背景移动。现实生活中，车速或者船速越快，周围的风景移动速度也就越快，可以发现河流背景克隆体的移动速度与"推力"变量有关。龙舟移动的快慢决定了背景移动的速度，下面将使用一个简单的算法（该算法是在解决问题的过程中，不断尝试出来的一种解决方法），让两个河流背景的克隆体交替着从右向左移动，如图5.27所示。

图5.27

由于"背景克隆体x坐标"变量仅适用于当前角色，所以第一个克隆体的"背景克隆体x坐标"变量的值为初始值0，第二个克隆体的"背景克隆体x坐标"变量的值等于436。

在比赛开始时，第一个河流背景克隆体的坐标值是【（0÷20＋0）÷936】的余数减去468，等于0-468=-468，即（x:-468，y:0）舞台左侧位置。

第二个河流背景克隆体的坐标值是【（0÷20＋468）÷936】的余数减去468，等于468-468=0，即（x:0，y:0）舞台最中心位置。

这里的数字20是用来调整背景移动速度的，这个数字越大，也就是分母越大，背景移动速度越慢，反之移动速度越快。

这样两个河流背景克隆体就铺满了整个舞台，由于河流背景是从右向左移动的，x 坐标是逐渐减小的，所以将"背景克隆体移动"变量增加（–2）*"推力"，这时只要滑动鼠标，"推力"变量增加，河流背景克隆体就可以移动了。在这里，被乘数（–2）越大，河流背景向左移动的速度就越快。

（3）距离标志移动程序。距离标志移动程序与河流背景移动程序的编写思路是一样的。

①设置图层。初始化距离标志图层，它的图层位于河流背景图层的上面、龙舟图层的下面，所以需要将距离标志图层设为移到最前面之后再后移 10 层，如图 5.28 所示。

图5.28

②克隆标志角色。进入游戏后，将距离标志的造型换成第一个造型"开始标志"，然后隐藏本体。

与跟河流背景一样，需要 2 个独立的克隆体，因此新建 2 个"仅适用于当前角色"的变量，一个是"距离标志克隆体移动"变量，另一个是"距离标志克隆体 x 坐标"变量。

下面初始化 2 个变量的值，将"距离标志克隆体 x 坐标"变量的数值设为 360，将"距离标志克隆体移动"变量的数值设为 0。

接着开始克隆 2 次，每次将"距离标志克隆体 x 坐标"变量的数值增加 465，465 是指距离标志角色在舞台最右侧的 x 坐标数值，如图 5.29 所示。

图5.29

需要特别注意克隆的顺序，其与河流背景的克隆有一点小区别，河流背景克隆体是两个一模一样的背景交替着从右向左移动。而距离标志克隆体是不一样的，例如，在比赛开始时，第一个克隆体是"开始标志"，那下一个克隆体就是"标志 10"，如图 5.30 所示。

当"开始标志"克隆体移动到左边时，"标志10"克隆体才开始从右向左移动，这样是一个连贯的过程。所以克隆时，需要先克隆"开始标志"，切换到造型"标志10"后再克隆1次，如图5.31所示。

图5.30

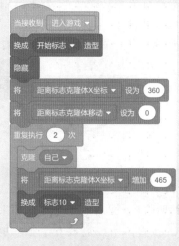

图5.31

③标志移动。距离标志克隆体的移动程序与河流背景克隆体的移动程序基本上是一样的，在这里只需要添加一个切换下一个造型的积木指令就可以了。那么在什么样的条件下才可以切换造型呢。第一个条件是距离标志的克隆体位置在舞台右边缘；第二个条件是距离标志已经移动到舞台左边缘，并且已经看不到数字了。当这两个条件同时满足时，就是克隆体从右边缘移动到左边缘的时候，此时就可以切换下一个造型了。

再新建一个"仅适用于当前角色"的变量"距离标志位置"，用来记录克隆体是否移动到了右边缘。当克隆体移动到右边缘时，将变量数值设为0，移动到左边缘时，将变量数值设为1，如图5.32所示。

在这里为什么要用到2个下一个造型的积木指令呢？因为两

图5.32

个克隆体是交替出现的，第一个克隆体是"开始标志"的造型时，第二个克隆体是"标志10"的造型。第一个克隆体切换为"标志20"造型时，才能排在"标志10"的造型后面出现，那么第二个克隆体切换为"标志30"时，才能排在"标志20"的造型后面出现，所以每个克隆体每次都需要切换2次造型，如图5.33所示。

（4）计时器程序。

①设置计时器的位置和显示状态，如图5.34所示。

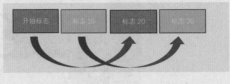

图5.33　　　　　　　　　　图5.34

②克隆数字。当接收到"开始"消息时，计时器开始计时。先将计时器归零，再新建一个变量"计时"。下面需要5个数字和1个小数点来显示完整的时间，而且6个角色分别显示在不同的位置，所以需要6个独立的克隆体。再次新建一个是"仅适用于当前角色"的变量"计时位数"，将这两个变量的值全部初始化为0，并将造型切换到第10个数字0造型，接着克隆自己6次，每次克隆之前将"计时位数"变量增加1，这里的"计时位数"用来记录计时器的数字在第几位。

重复广播"显示计时"的消息，并将"计时"变量的数值设为计时器，直到计时器大于100，也就是游戏超时的时候，停止计时，然后广播"游戏失败"的消息，如图5.35所示。

图5.35　　　　　　　　　　图5.36

③排列数字克隆体。由于计时器是从末位开始计时的，所以将克隆体从右向左依次排列，如图5.36所示。

④计时程序。克隆出来的6个计时器数字现在是以000000的形式显示的，接下来让这些数字克隆体按照正确的格式显示，如02.655。通过观察发现，小数点后的3位数字，无论什么时候都会变化，那么计时器的变化就分为两种：一种是小数点前的个位变化，另一种是小数点前的十位变化。

个位变化时将克隆体数字的造型换成"计时"变量的第"5－计时位数+1"个字符。

例如，"计时"变量等于2.655，如果"计时位数"变量等于5，也就是从右向左数的第5位，那么5－5＋1＝1，因此"计时"变量的第1个字符就是数字2。依次类推"计时"变量的数值，克隆体会完整地展示出来。

十位变化时将克隆体数字的造型换成"计时"变量的第"6－计时位数＋1"个字符。

例如，"计时"变量等于12.655，如果"计时位数"变量等于6，也就是从右向左数的第6位，那么6－6＋1＝1，那么"计时"变量的第1个字符就是数字1。依次类推"计时"变量的数值，克隆体会完整地展示出来了，需要注意的是，在这里小数点也算1个字符，如图5.37所示。

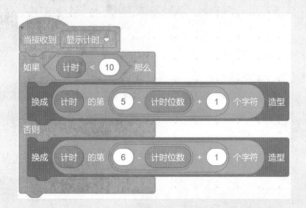

图5.37

⑤名次排序。新建一个列表"极速模式记录"，其用来存储划龙舟所用的时间数据。如果"计时"变量小于列表"极速模式记录"的第1项，就说明打破纪录了，此时需要广播"破纪录"的消息。

接着使用冒泡排序算法，将列表里的时间数据进行升序排序，如图5.38所示。

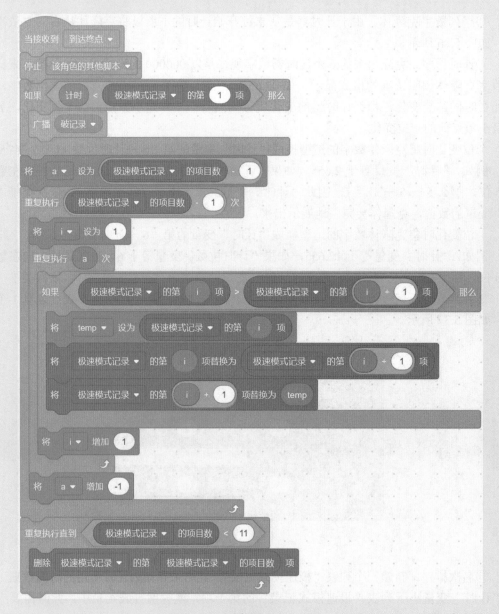

图5.38

⑥清除克隆体。进入游戏后，在比赛开始前，清除计时器的所有数字克隆体，如图5.39所示。

（5）终点线的程序。

①当程序开始运行时，先将终点线隐藏，如图5.40所示。

图5.39   图5.40

②终点线显示。终点线需要在到达终点标志的时候出现，可是终点标志的出现与划龙舟的"推力"有关，所以终点线的出现也与"推力"有关。

新建变量"终点线"，并在比赛开始时初始化为0，重复执行将"终点线"变量增加（−1×"推力"），然后使用一个简单的小算法，将终点线的 x 坐标设为（5500+"终点线"变量/20），此时如果终点线的 x 坐标小于龙舟的 x 坐标，那么说明龙舟穿过终点线到达了终点，将"计时"变量加入到列表"极速模式记录"中，然后广播消息"到达终点"后停止这个脚本，如图 5.41 所示。

图5.41

③设置游戏模式。暂时先不编写障碍物石头的程序，可以把当前的游戏设置为极速模式，也就是看谁划龙舟的速度最快，用时最短。当加上障碍物石头时，可以把游戏设置为障碍物模式，看谁躲避得更快，用时最短。这两个模式都需要通过改变变量来跳转到不同的程序，所以需要新建一个"游戏模式"变量。当"游戏变量"值等于 1 时，就是极速模式；"游戏变量"值等于 2 时，就是障碍物模式。两个模式所用的比赛时间要分别加入两个列表中进行排序，如图 5.42 所示。

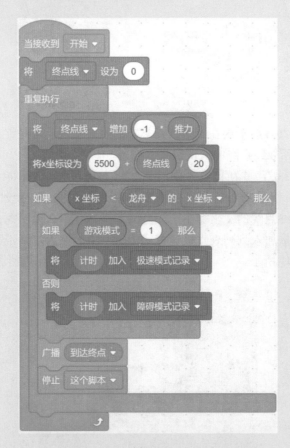

图5.42

当然，图5.38 的排序程序也需要修改一下，不同的模式下排序的列表是不同的，如图5.43 和图5.44 所示。

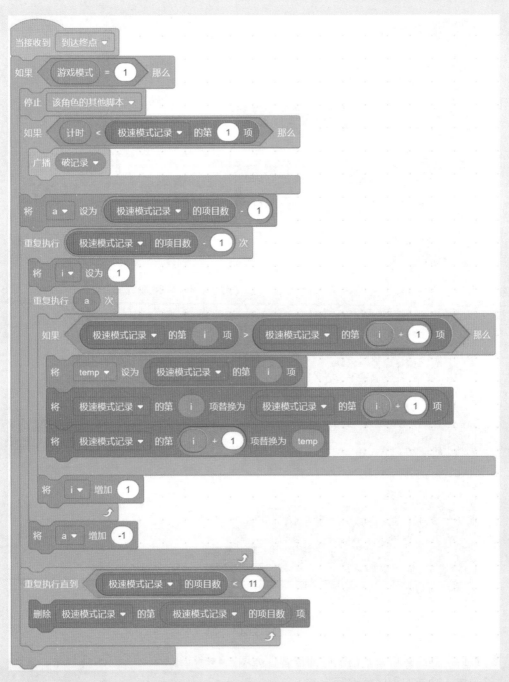

图5.43

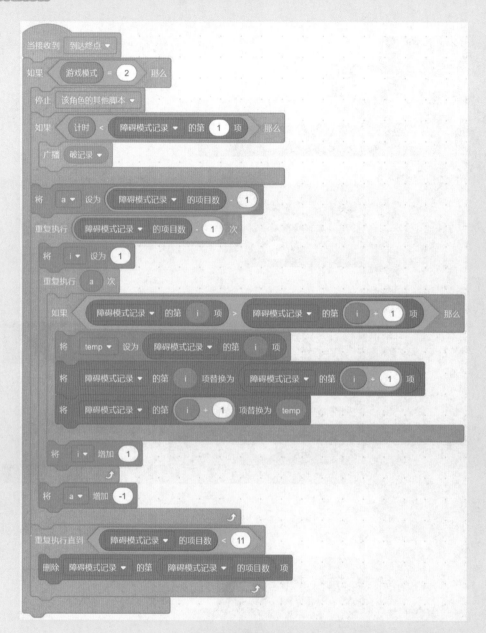

图5.44

④最后达到终点后，发出欢呼的声音，如图 5.45 所示。

这样核心功能的程序就编写完成了。

下面编写辅助功能程序，上传剩余的 5 个角色（破纪录和

图5.45

再试一次是一个角色的两个造型），然后添加 rocks 角色和 2 个按钮角色，并在 2 个按钮角色上分别添加对应的文字，最后将角色调整至合适的大小后，拖动到如图 5.46 所示的位置。

图5.46

（6）rocks 的程序。在设计游戏模式 2，即障碍物的程序时，需要考虑障碍物的位置和障碍物的数量。根据龙舟的移动程序知道，龙舟共有上下 2 条必经之路，那么障碍物出现在这两个位置上，就一定可以起到阻碍的作用。那么障碍物的数量要设置多少呢？这就需要找到游戏的乐趣平衡点了。如果障碍物太多，没法躲避，这会造成游戏太难通关，没乐趣；如果障碍物太少，很轻松躲避，导致游戏轻松通关，也没乐趣。因此，在这里设计的方案是，石头随机在 2 个赛道上出现，每次出现 1 个。这样既可以躲避，又需要时刻警惕下一个石头会出现在什么位置。

①初始化 rocks。先将 rocks 移动到舞台右边缘位置，然后将图层设为河流背景的上面、龙舟的下面，并隐藏，如图 5.47 所示。

② rocks 出现的位置。新建"石头数量"变量和"石头位置随机"变量。当游戏开始时，如果游戏模式等于 2，首先将"石头数量"的值设为 0。然后重复执行，将"石头位置随机"的值设为在 1 和 2 之间取随机数。如果"石头位置随机"的值等于 1，那么就让它出现在下面的赛道，否则就出现在上面的赛道。石头位置确定好后，等待"石头数量"等于 0，克隆自己，产生一个石头克隆体，然后立即将"石头数量"的值设为 1，这样克隆石头的条件不再达成，就不会一直克隆了，如图 5.48 所示。

图5.47

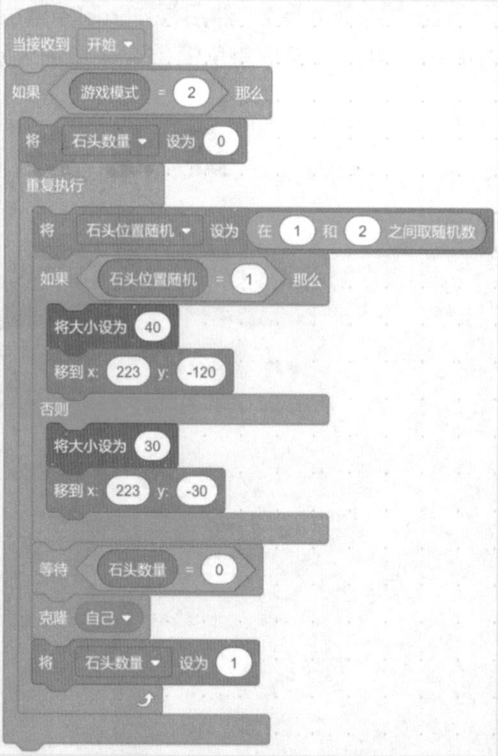

图5.48

③ rocks 移动。当石头作为克隆体启动时，克隆体的移动程序和距离标志的移动程序是一样的。在这里需要注意的是，移动的过程中删除克隆体的条件。第一，在没有碰到龙舟的情况下，移动到舞台左边缘后，将"石头数量"的值设为0，并删除克隆体。第二，碰到龙舟后，将"石头数量"的值设为0，并删除克隆体。这时还要注意的是，龙舟碰到石头后，一定会减速，并且显示碰撞的效果，发出碰撞的声音。因此，需要在石头碰到龙舟后，将"推力"变量的值设为30，然后广播"撞到龙舟"的消息，最后播放一个碰撞的音效，并删除克隆体，如图 5.49 所示。

④比赛结束。到达终点后，要停止克隆，并删除现有的所有克隆体，如图 5.50 所示。

图5.49

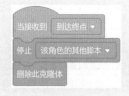

图5.50

（7）发令员程序。这个程序实现还是比较简单的，倒计时结束后，发令员发出"开始"的命令就可以了，如图 5.51 所示。

①初始化角色，如图 5.52 所示。

图5.51

图5.52

②发令效果。进入游戏后，先切换为造型 1，等待 1 秒后，开始重复执行 3 次下一个造型，由于发令员是敲鼓的角色，所以每切换一次造型，还要加上敲鼓的声音。造型切换结束后，广播"开始"消息，然后隐藏角色，如图 5.53 所示。

图5.53

（8）鼠标提示程序。思考在什么样的情况下，鼠标提示角色会出现。答案是不会操作时，鼠标提示角色才会出现，可是怎么判断不会操作呢？那就是龙舟不移动，或者移动速度很慢时，根据龙舟的移动程序知道，"推力"变量决定了龙舟的移动速度。所以"推力"变量小于某个数值时就说明不会操作，或者龙舟移动很慢。

①初始化角色，如图 5.54 所示。

②提示显示。当比赛开始时，先等待 1 秒，然后重复将鼠标提示角色固定在舞台中间位置，并进行隐藏。接着判断"推力"的大小，如果"推力"小于 20，鼠标提示角色显示，并左右来回滑动，如图 5.55 所示。

③停止提示。当龙舟到达终点后，就不需要鼠标提示了，如图 5.56 所示。

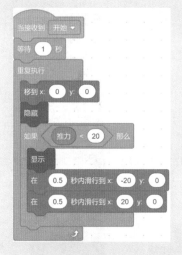

图5.54　　　　　　图5.55　　　　　　图5.56

（9）结果角色程序。

①初始化角色，如图 5.57 所示。

②显示失败。游戏超时后，会发送"游戏失败"的消息。当接收到"游戏失败"的消息后，显示再来一次的造型，然后播放音效，停止全部脚本，如图 5.58 所示。

图5.57　　　　　　　　图5.58

③显示破纪录。当接收到"破纪录"的消息后，显示破记录的造型，然后播放音效，广播"放鞭炮"，如图 5.59 所示。

（10）鞭炮程序。

①初始化角色，如图 5.60 所示。

②爆炸效果。鞭炮从舞台的上方移动下来，然后完整地放 3 轮鞭炮后隐藏，如图 5.61 所示。

③爆炸声音。在切换造型的同时还要播放放鞭炮的声音，如图 5.62 所示。

图5.59

图5.60

图5.61

图5.62

（11）封面程序。

①封面显示，如图 5.63 所示。

②封面隐藏。当接收到"进入游戏"的消息后封面隐藏，如图 5.64 所示。

图5.63

图5.64

（12）按钮程序。

①按钮特效。初始化按钮后，将"游戏模式"变量设为 0，然后添加一个触碰按钮的特效，如图 5.65 所示。

图5.65

②点击按钮。当极速模式按钮被点击时，将"游戏模式"变量设为1，然后隐藏，并播放"进入游戏"的消息，如图5.66所示。

③隐藏按钮。如果选择了"障碍模式"，那么在接收到"进入游戏"的消息时，隐藏极速模式的按钮，如图5.67所示。

图5.66　　　　　　　　　　　图5.67

④障碍模式按钮。在障碍物模式的按钮被点击后，将"游戏模式"变量设为2，其余程序与极速模式按钮的程序一样，如图5.68和图5.69所示。

（13）背景音乐程序。为了让比赛更加紧张刺激，可以让背景音乐进入比赛后就停止，这样在比赛时就只能听见划水的声音了，如图5.70所示。

323

图5.68

图5.69

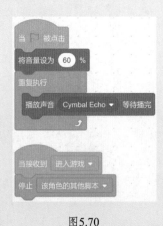

图5.70

至此，这样一个完整的程序就编写完成了，别忘了保存哦！

这里，对程序设计的过程做一个简单梳理，首先确定大方向，然后在大方向里定一个小目标，接着以自问自答的形式确定要完成这个小目标所需要的角色（这个过程可以借鉴现实生活中的例子），最后给每一个角色设计程序，并将程序功能分为核心功能和辅助功能。在设计程序时，可以先大致做一个简单的框架，再一点一点地添加和完善整个程序，还要养成随时运行程序测试效果的习惯，这样就能够及时发现程序存在的问题，通过回溯前一步或者前几步的方式来查找问题所在，这样就可以轻松地解决问题。编程是一个不断探索未知的过程，希望大家在这个过程中创造出更多的精彩内容，加油！

举一反三

请根据本章所学习的程序设计知识，选取下列任意主题，开动脑筋，发挥想象，编写一个属于自己的程序吧！

标题："中国传统节日""保护地球""太空探索"。